MARKUS WOLFF UND JENS SCHRÖDER
Chefredakteure von GEO*EPOCHE*

Liebe Leserin, lieber Leser

Ohne Zweifel, die vergangenen Monate werden viel Raum in der modernen Geschichtsschreibung einnehmen: Ein Virus verbreitet sich mit enormer Geschwindigkeit über alle Kontinente und unterzieht die Welt einem gigantischen Stresstest. Gut möglich, dass wir Covid-19 einmal eine eigene Ausgabe von GEO*EPOCHE* widmen. Doch das ist die Zukunft. Momentan beschäftigen uns noch die Herausforderungen der Gegenwart. Denn Corona bestimmt seit fast einem Vierteljahr unseren Redaktionsalltag und hat in dieser Zeit unsere Arbeits- und Produktionsabläufe massiv beeinflusst.

Die Ausgabe zum Thema Karibik, die wir in der Vorschau des vergangenen Heftes angekündigt haben, konnten wir daher noch nicht fertigstellen. Sie halten stattdessen ein Heft über Albrecht Dürer und seine Zeit in den Händen, das wir in den vergangenen Wochen im Homeoffice und in ungezählten Videokonferenzen produziert haben. Es handelt sich dabei um eine neu gestaltete und um einige Geschichten ergänzte Übernahme aus unserer Reihe GEO*EPOCHE* Edition. Kontaktieren Sie uns gern, sollten Sie diese Ausgabe bereits besitzen. Wir sind sicher, dass wir für alle anderen Leser mit der Nahaufnahme Dürers und seiner Epoche eine spannende Alternative gefunden haben.

Das Cover zeigt den vielleicht einflussreichsten deutschen Maler aller Zeiten übrigens im Selbstporträt, inszeniert wie Jesus. Das Bild zeugt von jenem Selbstbewusstsein, das den Nürnberger schon von jung auf prägt und ihn im Verlauf seiner gut 45 Jahre als Maler dazu ermuntern wird, sich in etlichen Kunstgattungen auszuprobieren und immer wieder das Neue, Ungesehene zu suchen. Dieses Heft erzählt Ihnen, wie es war, als die deutsche Kunst das Mittelalter hinter sich ließ. Die Zeit eines Neubeginns. Was könnte momentan passender sein.

Viel Freude beim Lesen wünschen Ihnen

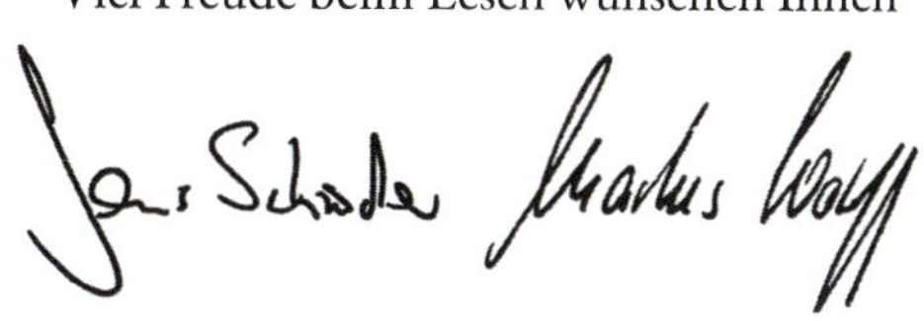

JENS SCHRÖDER und **MARKUS WOLFF**

DER PRÄZISE BLICK
Um 1500 steigt Albrecht Dürer zum bedeutendsten Künstler nördlich der Alpen auf: mit einer neuen Sichtweise auf Mensch und Natur. SEITE 12

DAS VIELSEITIGE GENIE
Dürer beherrscht etliche Techniken. Die Lehren der Renaissance nutzt er für seinen ganz eigenen Stil. SEITE 26

AUFSTAND DER FÜRSTEN 1495 muss die Krone der Forderung nach einem Reichstag zustimmen – ein epochaler Schritt. SEITE 52

KAMPF DER BILDER
Um ihre neue Lehre populär zu machen, beginnen die Protestanten nach 1517 einen Propagandafeldzug gegen Rom – auch mithilfe der Kunst. SEITE 64

STADT DER KETZER
Nürnberg ist der Stolz des Reiches. 1525 aber trifft der Rat der Metropole eine Entscheidung, die den Kaiser erzürnt. SEITE 80

EINE FABRIK FÜR DIE KUNST
Lucas Cranach malt Motive gleich dutzendweise – und wird so zum kommerziell erfolgreichsten Maler seiner Zeit.
SEITE 100

DIE NEUEN WILDEN
Viele deutsche Maler des 16. Jahrhunderts brechen mit den Konventionen – und erreichen so eine neue Ausdruckskraft.
SEITE 116

DAS ANTLITZ DER ANDEREN
Kein Maler erfasst Menschen so genau wie der Augsburger Hans Holbein. Sogar ein König wird auf seine besondere Gabe aufmerksam.
SEITE 130

Nr. 103

Inhalt

Dürer und seine Zeit

♦ *Die mit diesem Symbol versehenen Beiträge finden Sie links bebildert*

Sie erreichen uns online auf Facebook und Instagram oder unter *www.geo.de/epoche.* Besuchen Sie auch gern unser neues Digital-Angebot GEO EPOCHE *plus* (weitere Informationen dazu auf Seite 153).

Bilder FÜR DEN GLA

TEXT: *Daria Dittmeyer und Johannes Teschner*

Um 1400 folgen die meisten deutschen Maler dem »Schönen Stil«, der in ganz Europa dominiert: Sie schaffen idealisierte Heilige mit anmutigen, schablonenhaften Körpern und immer ähnlichen Gesichtern. Doch als Wissenschaft und Philosophie im 15. Jahrhundert das christliche Weltbild umwälzen, entdecken sie die Kraft des Wahrhaftigen – und begründen so eine spezifisch deutsche Kunst

IBEN

Im 15. Jahrhundert fordert die Kirche vor allem Bildthemen, die den Glauben der Betrachter stärken sollen. Dennoch gelingt es den deutschen Malern nun, die christlichen Sujets lebensnah darzustellen: So haben die Figuren in Hans Burgkmairs **KREUZIGUNGSDARSTELLUNG** (1504) individuelle Gesichtszüge, wirken Bäume und Gräser realistisch, erzeugt die Verkleinerung der Menschen und Objekte im Bildhintergrund die Illusion räumlicher Tiefe

Die Macht der katholischen Kirche über ihre Anhänger stützt sich auch auf die Vorstellung des **»WELTGERICHTS«**, das laut Bibel alle Menschen am Ende der Tage erwartet. Nur wer ein gottgefälliges Leben geführt hat, wer gebeichtet und für Ablässe gezahlt hat, den werden Engel ins Paradies leiten. Die Sündhaften jedoch, so zeigt es Stefan Lochner um 1435, ziehen Dämonen mit der Billigung Jesu Christi in die Hölle hinab

DIE BÜHNE, DIE CONRAD VON SOEST dem Heiland bereitet, ist monumental: ein Flügelaltar, mehr als sechs Meter breit und fast zwei Meter hoch, in dessen Zentrum der Gottessohn am Kreuz hängt, alle anderen Figuren der Szene überragend, leichenblass und feingliedrig. Wie nach einer Schablone gefertigt wirkt sein Torso, seltsam verlängert sind die dünnen Arme und Beine, unproportional klein ist der Kopf. Umso stärker fällt der goldene Heiligenschein auf, der das Haupt umgibt. Auch der Himmel ist in Gold gehalten, das im Mittelalter für das Göttliche steht. Abgesetzt von diesem flächigen Hintergrund leuchten die langen grünen, roten und blauen Brokat-Gewänder, die einige Figuren um den Gekreuzigten herum tragen.

Dass es Conrad von Soest ist, der diesen Altar im Jahr 1403 malt, verrät eine Inschrift auf dem Rahmen: Als einer der ersten Künstler nördlich der Alpen hinterlässt er selbstbewusst seinen Namen – als hätte er damals schon geahnt, dass er ein Bild geschaffen hat, das dereinst für eine ganze Kunstepoche stehen wird. Denn der Flügelaltar ist ein Hauptwerk des „Schönen Stils“, der letzten einheitlichen Kunstrichtung des Mittelalters, die von etwa 1380 bis 1420 fast ganz Europa erfasst. Überall auf dem Kontinent schaffen Künstler in dieser Zeit Gemälde in einem ausgesprochen dekorativen Stil, mit fließenden Linien, grazilen Figuren und leuchtenden Farben.

Stärker noch als die Maler zuvor verzichten sie auf Tiefenräumlichkeit und modellieren ihre Bilder auch kaum noch durch Licht und Schatten, nehmen also bewusst künstlerische Vereinfachungen in Kauf, um dem Stil ihrer Zeit zu entsprechen. Gefällig wirkt diese Bildsprache, tröstlich in ihrer anmutigen Harmonie.

Dabei ist sie ein Kind des Grauens. Denn in den Jahrzehnten vor 1380 suchen apokalyptische Katastrophen das Abendland heim. So bringen ungewöhnlich kalte und regnerische Sommer zu Beginn des 14. Jahrhunderts zahlreiche Missernten, die schlimmste der nun folgenden Hungersnöte dauert zwei Jahre an. 1337 beginnt der Hundertjährige Krieg zwischen Frankreich und England, der weite Regionen verheert. Wenig später zieht eine gewaltige Heuschreckenplage über Mitteleuropa.

Im Jahr 1347 schließlich erreicht der Schwarze Tod den Kontinent. Von Italien aus breitet sich die Pest unaufhaltsam aus. Bald sind die Friedhöfe überfüllt. Den Christen im Abendland muss es scheinen, als sei das Ende aller Tage gekommen.

Und inmitten dieser Kaskade des Verderbens spaltet sich auch noch jene Institution, die das Leben der Menschen bestimmt wie keine andere: die römische Kirche. 1378 wählen die zerstrittenen Kardinäle zwei Päpste, der eine residiert in

»DER WUNDERBARE FISCHFANG« von Konrad Witz (um 1444) gilt als das erste Landschaftsporträt Nordeuropas: Den in der Bibel bezeugten Gang Jesu über das Wasser verlegt der Maler an den Genfer See – und zeigt detailliert, wie sich die Wasseroberfläche neben dem Fischerboot kräuselt, wie Gebäude und Figuren sich im See spiegeln und Hügel an dessen Ufer emporragen

Rom, der andere in Avignon. Das Amt des Stellvertreters Gottes auf Erden ist ins Zentrum eines profanen Machtkampfes gerückt.

So ist es kein Zufall, dass die Gläubigen in dieser Zeit nach einer neuen religiösen Gewissheit suchen, sich nach Frieden und Eintracht sehnen. Und sie finden all das in einer Kunst, die nicht aufrütteln oder schockieren will, sondern danach strebt, die Frömmigkeit der Betrachter durch immer gleiche, idealisierte Motive zu stärken. Die Maler des Schönen Stils verstehen Figuren und Gegenstände vor allem als dekorative Elemente, die es zu einem harmonischen Ganzen zusammenzusetzen gilt: stets mit dem Ziel, die christliche Heilsgeschichte, das dominierende Thema der mittelalterlichen Kunst, zu verbreiten.

Dabei vermitteln sie eine Deutung der Passion, die intimer und tröstender ist als in früheren Jahren. Denn Jesus wird nun nicht mehr als triumphierender Gottessohn gesehen, sondern vor allem als Mensch, der für die Erlösung der Gläubigen körperliche und seelische Pein auf sich geladen hat – und daher eher Anteilnahme und Mitleid verdient als distanzierte Ehrfurcht.

Dieses neue, gefühlsbetonte Glaubensverständnis erfasst im 14. Jahrhundert ganz Europa. Zwar ist der Schöne Stil nicht überall gleich, gibt es Unterschiede im Detail, doch die zentralen Merkmale bleiben stets einheitlich: die in die Länge gezogenen, feingliedrigen Figuren, die auffallenden, kostbaren Gewänder, der goldene Grund, das Fehlen von Tiefenräumlichkeit und Zentralperspektive.

Bis 1420 dominiert diese Manier die europäische Malerei. Doch dann enden allmählich die Erinnerungen an das so schreckenserfüllte 14. Jahrhundert, und es beginnt eine Ära des Aufbruchs, der Entdeckungen und des Wandels.

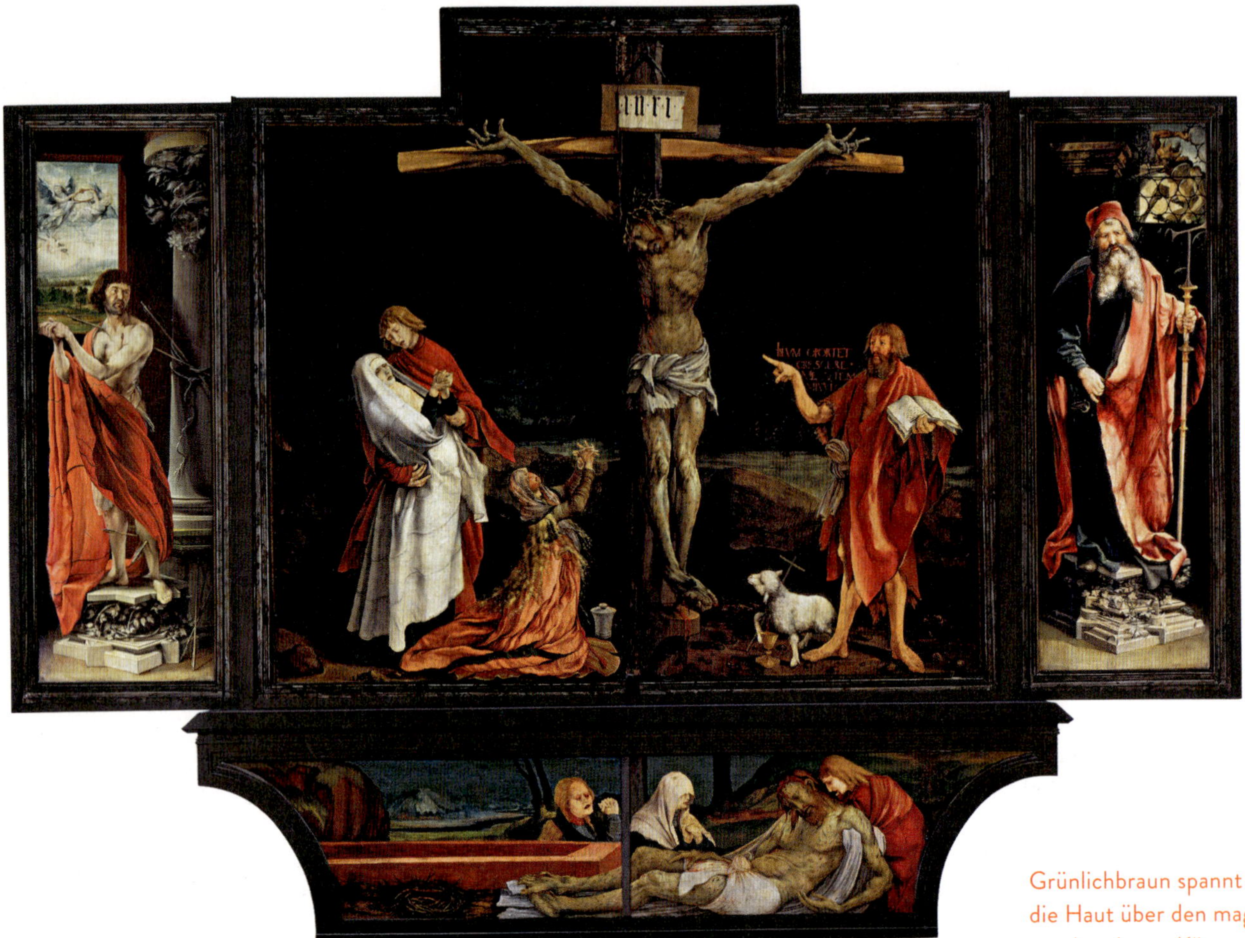

Grünlichbraun spannt sich die Haut über den mageren, geschundenen Körper des Heilands: Matthias Grünewald lässt in seinem **»ISENHEIMER ALTAR«** (um 1512) keinen Zweifel – der gekreuzigte Jesus beginnt zu verwesen. Schon in den Jahrzehnten zuvor hat sich die Darstellung Christi verändert, ist Jesus immer häufiger als leidendes Opfer und nicht mehr als strahlender Gottessohn gezeigt worden. Doch so radikal wie Grünewald hat noch kein deutscher Maler den Erlöser vermenschlicht

Wissenschaftliche Erkenntnisse und Erfindungen revolutionieren das Weltbild wie auch den Alltag. Der von Johannes Gutenberg um 1454 entwickelte Buchdruck ermöglicht die massenhafte Verbreitung von Flugblättern, Pamphleten und Schriften. Zur gleichen Zeit ordnet der Astronom Nikolaus Kopernikus das Universum neu, stellt die Sonne in sein Zentrum und gibt ihr damit jenen Platz, den seit jeher die Erde innehatte. In vielen Regionen prosperiert die zuvor stagnierende Wirtschaft, der Handel nimmt zu, die von der Pest entvölkerten Städte wachsen wieder. 1453 endet endlich auch der Hundertjährige Krieg.

Und so wie die epochalen Katastrophen langsam in Vergessenheit geraten, verschwindet auch die Kunst der Krisenzeit, bringt das Jahrhundert des Aufbruchs eine neue, raffiniertere Malerei hervor.

In Italien entdecken die Künstler die Antike wieder. In ihren Werken feiern sie fortan den Glanz des alten Rom, bannen griechische Götter auf die Leinwand, schaffen individuelle Figuren und vollkommene, perspektivisch korrekte Kompositionen. „Renaissance", Wiedergeburt, werden Kunsthistoriker diese Ära später nennen.

Stärker noch als die Italiener konzentrieren sich die niederländischen Meister auf die wahrhaftige Wiedergabe von Menschen und Natur. Sie fertigen präzise Skizzen von Händen und Gesichtern, von Insekten und Blättern, um der Realität möglichst nahe zu kommen.

Beide Richtungen, die virtuose räumliche Malerei der Italiener und die unbestechliche Präzision der Niederländer, beeinflussen bald auch die deutschen Künstler. Wie ihre Vorbilder wollen sie ihre Umwelt zunehmend realistisch abbilden, statt sie der Heilslehre unterzuordnen, sie streben nach Naturalismus und räumlicher

Tiefe. Als Conrad von Soest um 1422 stirbt, beginnen einige seiner Kollegen gerade, den von ihm mitgeprägten Schönen Stil zu überwinden.

Einer der wichtigsten Künstler dieser Übergangsphase ist Stefan Lochner, der in Köln arbeitet, der größten deutschen Stadt jener Zeit. Um 1440 schafft er dort einen Altar, der Maria und das Christuskind inmitten der Schutzheiligen Kölns darstellt. Es ist ein Werk, das die alte und die neue deutsche Kunst in sich vereint.

°

SO WEIST DER ALTAR noch Merkmale des Schönen Stils auf, zeigt ein christliches Bildthema auf goldenem Grund und idealisiert die Gesichtszüge der Frauen und der Engel. Doch viel stärker als Conrad von Soest wagt es Lochner, seine männlichen Figuren als Individuen darzustellen. Bei ihm erscheint der nackte Körper des Christuskindes proportional stimmig, wirken die Gesichter der Patrone wie lebensnahe Porträts – einer ist glatzköpfig und hakennasig, ein anderer trägt langes, lockiges Haar.

Auch die Brokatgewänder arbeitet Lochner plastisch aus, verziert sie mit kleinen, glatten Perlen und besetzt sie mit weichem Pelz, der nahezu greifbar wirkt. Auf der schrundigen Rasenfläche, auf der die Figuren stehen, wachsen 40 verschiedene Nutz- und Heilpflanzen, darunter Walderdbeeren und Spitzwegerich.

Wie bei Lochner vermischen sich in vielen deutschen Werken des 15. Jahrhunderts die Merkmale alter und neuer Malerei – auch weil der Geschmack der Auftraggeber vielfältiger geworden ist. Denn mittlerweile verlangt auch das aufkommende, kaufkräftige Stadtbürgertum nach Gemälden. Und die neuen Kunstkäufer schätzen durchaus jene innovative Bildsprache, die manche von ihnen auf Handelsreisen im Ausland kennengelernt haben.

Für diese Klientel arbeiten Künstler wie der Bamberger Hans Pleydenwurff und der Elsässer Martin Schongauer, die sich vollständig vom Schönen Stil lösen. Die Gemälde dieser neuen Generation, die ab etwa 1440 entstehen, haben zwar immer noch vornehmlich biblische Themen, sind aber viel deutlicher als frühere Werke von den Fähigkeiten und Interessen der Maler geprägt.

Und sie sind erstmals spezifisch deutsch. Anders als etwa die Meister Italiens, die in ihren Gemälden die makellose Schönheit feiern, versuchen die deutschen Maler nun, den Betrachter durch ungewöhnliche, dynamische Kompositionen und eine drastische Erzählweise zu berühren. Die Natur sowie Menschen aller Stände malen sie so, wie sie sie sehen: als kultiviert und schöngeistig – oder als roh und ungeschliffen. Sie erlauben ihren Figuren derbe Gesten, schrecken vor Hässlichkeit nicht zurück und geben die Realität daher unverblümter wieder als ihre Kollegen.

Erst Albrecht Dürer wird es an der Wende zum 16. Jahrhundert gelingen, die Stile von Nord und Süd zu vereinen. 1505 reist er nach Italien, lässt sich dort von der Arbeit seiner Kollegen inspirieren und verbreitet nach der Rückkehr die Lehren der Renaissance in seiner Heimat. Und wird, indem er die technische Vollkommenheit der Italiener mit Darstellungen der Natur und typisch deutschen Motiven wie etwa ungeschönten Figuren kombiniert, zum Vorbild zahlreicher Maler nördlich wie südlich der Alpen.

Seine Herkunft prägt ihn dennoch ein Leben lang. Schon früh in seiner Karriere studiert Dürer beispielsweise die bahnbrechenden Werke Stefan Lochners. So reist er während seiner Wanderjahre wohl auch nach Köln und besichtigt Lochners Altarbild. Und malt später in einem seiner Aquarelle einen Hirschkäfer – ganz ähnlich jenem, den Lochner mehr als ein halbes Jahrhundert zuvor als Vorboten einer neuen deutschen Kunstepoche in seinem Gemälde untergebracht hatte. ◊

Die Hände vor Schreck zum Mund geführt, verfolgen einige Juden nahe Bethehem, wie **»LAZARUS«** sich aus seinem Grab erhebt (1481). Jesus, der den verschiedenen Freund gerade zum Leben erweckt hat, steht ihnen mit den Aposteln gegenüber. Indem er die gestaffelt aufgereihten Figuren nach hinten immer kleiner malt, verleiht Michael Pacher seinem Werk die Illusion räumlicher Tiefe – ebenso dadurch, dass er Geraden, die in Wirklichkeit parallel laufen, aufeinander zustreben lässt, etwa die Kanten der Grabstätte und des darüberliegenden Daches

1500

Um 1500 steigt der Nürnberger Albrecht Dürer zum bedeutendsten Künstler nördlich der Alpen auf. Kein anderer deutscher Maler schafft in seinen Werken eine so beeindruckende Realitätsnähe, beherrscht derart meisterlich das Detail, ist so vielseitig, einfallsreich und präzise zugleich. Vor allem aber wirft Dürer einen neuen Blick auf den Menschen: Er malt ihn als Individuum mit freiem Willen

Der Meister aus *FRANKEN*

Sorgfältig gedrehte Locken fallen auf die Schultern des Künstlers, sein Bart ist gestutzt, das Antlitz ebenmäßig: Mit 29 Jahren kopiert Dürer, ein Handwerkersohn aus Nürnberg, das Schema traditioneller Christusporträts und stilisiert sich 1500 als gottgleicher Schöpfer

Die **»ANBETUNG DER KÖNIGE«** ist 1504 eine Auftragsarbeit für Friedrich den Weisen, den Kurfürst von Sachsen. Dürer, der zu jener Zeit vor allem als Grafiker angesehen ist, demonstriert hier sein Können im Umgang mit Farbe

Ende 1505 erreicht Dürer Venedig. Vermutlich noch im selben Jahr entsteht das **»BILDNIS EINER JUNGEN VENEZIANERIN«**. Er arbeitet dabei mit reduzierten Farbwerten – so wie es dem zeitgenössischen Stil vor Ort entspricht

1506

Bücher werden gewälzt, Finger zählen Argumente auf, Stirnen legen sich in Falten: Greise Schriftgelehrte diskutieren im Tempel von Jerusalem mit dem jungen Jesus, dessen Heiligenschein kaum sichtbar ist (**»JESUS UNTER DEN GELEHRTEN«**, 1506)

Das großformatige **»ROSENKRANZFEST«** macht Dürer schlagartig berühmt. 1506 malt er es im Auftrag deutscher Kaufleute für die Kirche San Bartolomeo in Venedig. Das Werk verbindet die deutsche Tradition des Rosenkranzbildes mit venezianischen Einflüssen wie der Einbettung in eine Landschaft. Mit dem Werk sichert der Maler sich endlich den Respekt der italienischen Kollegen. »Jtz spricht jeder man, sy haben schoner Farben nie gesehen«, schreibt er in einem Brief

Mit den **»VIER APOSTELN«** setzt sich Dürer schon zu Lebzeiten selbst ein Denkmal. Das Werk schenkt er seiner Heimstadt Nürnberg mit dem Hinweis an den Rat, man möge seiner gedenken

»ADAM UND EVA« ist ein zweiteiliges Gemälde, gemalt auf zwei je 209 x 81 Zentimeter messende Holzplatten. Die Tafeln gelten als die ersten lebensgroßen Nacktdarstellungen nördlich der Alpen

Für den **»LANDAUER ALTAR«** verwendet Dürer eine doppelte Perspektive: einen tief liegenden Landschaftshorizont unten und eine Sicht auf den bevölkerten Himmel oben in Augenhöhe von Papst und Kaiser

Eine Schau menschlicher Körper ist die **»MARTER DER ZEHNTAUSEND CHRISTEN«** von 1508. Dürer zeigt die Leiber mal nackt, mal in strahlend farbiger Kleidung. Sich selbst malt er in schlichtem, schwarzem Gewand – als Beobachter des blutigen Geschehens (in der Bildmitte, mit Fahne)

Dieses Porträt der Gottesmutter bricht mit dem traditionellen deutschen Kunstideal, das für diese Szene einen Goldgrund und ernst blickende Figuren vorsieht. Dürer malt wie die venezianischen Künstler – schlicht und heiter (**»MADONNA MIT KIND«**, 1512)

Fast naturwissenschaftlich präzise erkundet der Deutsche die Welt, gibt etwa den **»BLAURACKENFLÜGEL«** virtuos bis in die letzte Feder wieder. Manchmal dienen ihm solche Werke auch als Vorarbeiten für andere Bilder, etwa die Darstellung einer geflügelten Götterfigur ◊

TEXT:
Markus Wolff

Holzschnitt, Kupferstich, Ölmalerei – es gibt keine Technik, die er nicht beherrscht. 1505 verlässt Albrecht Dürer das mittelalterlich geprägte Nürnberg, um sich ein noch größeres Wissen anzueignen. Er reist nach Italien, wo die Renaissance ihren Höhepunkt erreicht hat. Von dort bringt er Licht, Farbe, antike Schönheit und üppige Bilderwelten mit nach Deutschland – und formt daraus seinen eigenen Stil

Ein vorsichtiger und dennoch klarer, selbstsicherer Blick in die Zukunft: 1498 malt Dürer dieses **»SELBSTPORTRÄT«**. Er ist sich seiner außergewöhnlichen Begabung bereits bewusst, unterstreicht dies durch die filigran ausgeführte, unkonventionelle Lockenpracht. Doch den großen Erfolg hat der 27-Jährige zu diesem Zeitpunkt noch nicht erlangt (Ausschnitt)

Sehr früh entdeckt Dürer die Landschaft als Motiv, wie hier um 1495 bei der **»ANSICHT VON ARCO«**: Die von Menschen erbaute Burg wird zum Beiwerk der Natur

Ein Brief aus Venedig! Post von Dürer! Was er schreibt? Offenbar kosten ihn die gewünschten Einkäufe viel Zeit. „Die Glassachen" – vielleicht meint er Perlen und Smaragde – hat er einem Boten mitgegeben, die zwei Orientteppiche muss er erst besorgen. Auch schöne Kranichfedern konnte er noch nirgends finden. Er rät dem Brieffreund, er solle sich in der Zwischenzeit vielleicht einfach Schwanenfedern zum Schreiben an den Hut stecken. Und schließlich war die Suche nach passenden Ringen schwieriger als erwartet. „Gefallen sie Euch nicht, so brecht ihnen den Kopf ab und werft sie ins Scheißhaus", schreibt er.

Ach Dürer! Selbstbewusster, treuer, lustiger Dürer!

Als hätte sich jemand zur unbeschwerten Einkaufsfahrt nach Italien begeben, so lesen sich die zehn Briefe mitunter, die der Nürnberger Willibald Pirckheimer 1506 von seinem Freund Albrecht erhält. Zeilen, die von Mantelkäufen handeln, Tanzstunden sowie Fiedlern, die so herzerweichend spielen, „dass sie selbst weinen".

Nichts lässt von solchen Passagen darauf schließen, dass ihr Verfasser keineswegs ein nur an Spaß und exotischen Waren interessierter Lebemann ist. Doch tatsächlich ist Dürer ein von ewigem Wissensdrang Getriebener, der eine Revolution aus Italien über die Alpen nach Deutschland gebracht hat: die neuen Bilderwelten der Renaissance.

Etwa 35 Jahre alt ist er nun, bei seinem zweiten Aufenthalt in Venedig, und international bereits eine Berühmtheit. Ein Meister des Kupferstichs, des Holzschnitts, des Porträts. Ein Genie, das die Menschen noch Jahrhunderte nach seinem Tod nicht nur als Künstler, sondern auch als Theoretiker verehren werden. Ja sogar als Namensgeber einer ganzen Epoche – der Dürerzeit.

Ein von sich überzeugter Mann ist aus dem einstigen Knaben geworden, der bereits mit 13 Jahren einen ersten Hinweis auf seine außergewöhnliche Begabung gegeben hat, mit einem Selbstporträt, ausgeführt in einer anspruchsvollen Technik. Dürer zeichnet sich mit dem Silberstift, und die präzisen bräunlichen Linien seiner Umrisse entstehen dank einer Art chemischer Reaktion zwischen der silbernen Spitze des Stiftes und speziell grundiertem Papier. Korrigieren lässt sich ein Fehler dabei nicht mehr.

Einen langhaarigen Jungen mit Kappe und ernstem Blick zeigt das vor einem Spiegel entstandene Selbstbildnis. Einige Jahre Schule liegen da bereits hinter Albrecht. Lesen und Schreiben hat er gelernt und offenbar auch etwas Latein.

Dann hat ihn der Vater in die Lehre genommen, er soll Goldschmied werden. So wie bereits der Großvater, der Goldschmied im ungarischen Gyula war. In jenem Ort, in dem dann auch der Vater das Handwerk lernte, bevor es ihn nach Deutschland zog, nach Nürnberg.

Zu jener Zeit ist die Handelsstadt eine aufstrebende Metropole. So sauber sind die Straßen, so elegant die Häuser, dass der spätere Papst Pius II. 1444 während eines Hoftags ins Schwärmen gerät: „Was für einen herrlichen Anblick bietet diese Stadt! Welcher Glanz, was für wunderbare Ansichten, welche Schönheiten, welche Kultur, was für eine bewundernswerte Regierung!"

Das Metallhandwerk, vor allem aber der Fernhandel haben dem von einer alteingesessenen Patrizierkaste regierten Nürnberg den Aufschwung beschert. Denn am Fuß einer imposanten Burg kreuzen sich die Wege der Händler, die ihr Geld mit Bernstein und Fisch aus der Ostsee verdienen, Gold und Silber aus Ungarn und Böh-

1484 skizziert Dürer sich wohl das erste Mal selbst – da hat er seine Malerlehre noch gar nicht begonnen. Allerdings erhält der Junge schon eine künstlerische Ausbildung: Sein Vater bringt ihm das Goldschmiedehandwerk bei (**»SELBSTBILDNIS ALS 13-JÄHRIGER«**)

men, Seide und Gewürzen aus Venedig sowie wollenen Tuchen aus den Niederlanden.

Im Laufe des 15. Jahrhunderts nimmt die Einwohnerzahl von 20 000 auf etwa 30 000 zu. Das Bild bestimmen neben Kaufleuten, Handwerkern und Tagelöhnern auch viele Maler und Goldschmiede, die sich in der Stadt niederlassen.

Denn mit der Wirtschaft erblüht die Kunst – unter anderem weil seit einem fehlgeschlagenen Aufstand im 14. Jahrhundert die Zünfte abgeschafft sind: Ein angehender Maler kann hier, ohne wie üblich den strengen Zunftregeln unterworfen zu sein, eine Werkstatt führen. Zudem ist es wohl in keiner anderen deutschen Stadt so verbreitet, dass Fürsten und Könige während ihrer Aufenthalte die Werkstätten aufsuchen, begutachten – und Aufträge vergeben.

Albrecht Dürer der Ältere, der Vater, ist ein schwer arbeitender Mann mit großem Talent. Nach zwölf Jahren als Geselle bei einem angesehenen Goldschmied heiratet er im Alter von 40 Jahren dessen 15-jährige Tochter Barbara, wird Goldschmiedemeister und kauft sich ein Haus in bester Wohngegend. Die Nachbarschaft ist vornehm. Kaufleute, Verleger, Humanisten.

In dieser Umgebung wächst auch das dritte von insgesamt 18 Kindern auf, die Barbara Dürer nach und nach zur Welt bringen wird. Der im Mai 1471 Geborene heißt wie der Vater: Albrecht.

Der Sohn lernt in der väterlichen Werkstatt zu gravieren, zu treiben und zu vergolden. Aber die Arbeit gefällt ihm nicht. „Meine Lust trug mich mehr zur Malerei", wird er sich später nüchtern in seiner Familienchronik an die wohl bedeutendste Entscheidung seines Lebens erinnern.

Der Vater hat Verständnis und erlaubt ihm, die Lehre abzubrechen. 1486 bringt er den Sohn bei Michael Wolgemut unter. Der gilt als bester Maler Nürnbergs und

1502

Auch seine Mutter verewigt der Künstler. Das um 1490 erschaffene **»BILDNIS DER BARBARA DÜRER«** zeugt jedoch, trotz individueller Züge, noch von jener alten Kunst, die Dürer nach und nach überwindet: In ihr wirkten Menschen zumeist schematisch und seltsam entrückt

besitzt das größte Maler-, Zeichner- und Holzschneideratelier der Stadt. Dort werden vorwiegend Werke in einem schlichten Realismus gefertigt. Porträts, Altarbilder, Holzschnitzereien.

Drei Jahre dauert Dürers zweite Lehre. Er lernt, Farben und Zeichentuschen zu mischen, Tafeln zu grundieren, Vorlagen zu kopieren und die Maßstäbe für Altar- und Glasarbeiten richtig zu berechnen.

Zudem beschäftigt er sich wohl zum ersten Mal mit einer Technik, die er später wie kein anderer beherrschen wird: dem Holzschnitt.

Mit Messer, Hohl- und Flacheisen wird dabei ein Holzstock so lange bearbeitet, bis schließlich nur noch jene Grate stehen, die später gefärbt werden sollen. Für die Umsetzung seiner Entwürfe setzt Wolgemut eigene Formschneider ein. So technisch exzellent wie die, und auch im Detail präzise, arbeitet kaum jemand in Europa.

Vor allem ihre Schnitte für gedruckte Bücher werden gerühmt. Dabei liefern sie nicht nur Qualität, sondern produzieren zugleich eine hohe Anzahl von Werken. So stammen die rund 1800 Illustrationen für das am opulentesten ausgestattete Buch jener Zeit, die 1493 erscheinende „Schedelsche Weltchronik", aus den Räumen in der Nürnberger Burgstraße.

Als das Werk auf den Markt kommt, hat Dürer den Betrieb schon verlassen. Seit April 1490 ist er auf Wanderschaft. Vier Jahre wird sie dauern und den ehrgeizigen Gesellen nach Köln, Mainz und Basel führen. Vor allem aber will Dürer Martin Schongauer kennenlernen, einen Meister des Kupferstichs im elsässischen Colmar.

Fürsten, Könige und der deutsche Kaiser bestellen bei Dürer große Werke. Doch der schärft seine Kunst oft auch an einfachen Studien wie diesem **»FELDHASEN«** (1502)

Tafelmalerei und Holzschnitt beherrscht Dürer nach seiner Lehre bereits. Nun will er die Technik des Kupferstichs erlernen, die ihm als ideale Verbindung von Zeichen- und Stichelarbeit erscheint. Denn anders als beim Hochdruck, wo das Motiv als Oberfläche stehen bleibt, wird die Zeichnung bei der Tiefdrucktechnik des Kupferstichs mit einem scharfen Grabstichel in eine Metallplatte eingeritzt. So lässt sich mit feineren Linien arbeiten, wobei weitaus filigranere Werke entstehen.

Doch Dürer kommt zu spät nach Colmar – Schongauer ist tot, vermutlich an der Pest gestorben. Dessen Brüder erlauben dem Nürnberger jedoch, dass er die hinterlassenen Stiche studiert, die so meisterhaft gearbeitet sind, dass selbst Michelangelo sie kopiert. Deutlich wie wohl noch niemand zuvor erkennt Dürer in ihnen die Möglichkeiten, die der Kupferstich bietet. Denn die Technik erfüllt geradezu perfekt seinen Wunsch, die differenzierte Ausgestaltung der Fläche in der Malerei mit der plastischen Wirkung von Zeichnungen zu vereinen. Zeitlebens werden ihm die Arbeiten Schongauers als Inspiration dienen.

Wieder zurück in der Heimat, heiratet der 23-Jährige im Juli 1494 eine von seinem Vater ausgewählte Handwerkertochter. 200 Gulden bringt Agnes Frey als Mitgift, den Gegenwert eines kleinen Hauses. Den Charakter des geschäftsmäßigen Arrangements wird die Ehe immer behalten, Liebe wird aus der kinderlos bleibenden Beziehung nie.

Schon drei Monate später verlässt Albrecht Dürer die Stadt erneut.

°

DAS ZIEL DIESMAL: Italien. Möglicherweise ist ein weiterer Ausbruch der Pest der Grund für die rasche Abreise, vielleicht will er aber auch aus Neugier so schnell wie möglich in das Land reisen, in dem ein paar Jahrzehnte zuvor der Aufbruch aus dem Mittelalter begonnen hat. Längst verleihen dortige Maler dank der Erfindung der Zentralperspektive ihren Werken räumliche Tiefe und entwerfen ein neues Menschenbild.

Was Dürer plant, hat wohl noch kaum ein Deutscher getan: nach Italien zu reisen, nicht als Händler oder

Pilger, sondern als Künstler, der die Werke italienischer Meister studieren will. Die Reise – die erste von zweien nach Venedig – wird zum Urbild aller deutschen Künstlerfahrten in den Süden.

Venedig, was für eine Stadt! Leuchtende Mosaiken und mit Blattgold überzogene Paläste! In den Straßen osmanische Diplomaten, Matrosen, Pilger auf dem Weg ins Heilige Land, Araber, Griechen, schwarze Sklaven. Und wie die Frauen aussehen: Sie tragen schweres Make-up und Kleider, die ihre nackten Schultern zeigen und einen Teil ihrer Brüste!

Als hätte er Sorge, ihm könnte etwas entfallen, bannt Dürer diesen fremden Kosmos auf Papier. Er skizziert einen Orientalen mit Turban, eine römische Rüstung, tanzende Knaben, aufwendig gekleidete Frauen – sowie auf ihn vermutlich nicht minder exotisch wirkende Taschenkrebse und Hummer. Aufmerksam widmet er sich acht Monate lang den Werken der frühen Renaissancemalerei und zeichnet Arbeiten bedeutender Künstler nach, so zwei Stiche des von ihm verehrten Andrea Mantegna, dessen Technik er dabei aber verfeinert.

So ersetzt Dürer die parallelen Linien des Malers durch geschwungene und sich kreuzende Schraffuren. Durch diese Art der Hell-dunkel-Abstufung wirken seine Arbeiten weitaus plastischer.

Im Sommer 1495 kehrt Dürer nach Nürnberg zurück und wird fortan die Ideen der Renaissancekünstler in den nördlichen Ländern verbreiten. Er eröffnet eine Werkstatt, produziert vor allem Holz- und Kupferstiche.

Von Beginn an versteht er sich als Künstler, der die Themen selbst bestimmt und erst später Käufer für seine Arbeiten sucht. Meist sind es religiöse Motive und mythologische Themen, die seine italienisch-antike Prägung besonders deutlich machen.

Seine Drucke, von denen bald Tausende Exemplare auf den Markt gelangen, fallen nicht nur durch Lebendigkeit und Präzision auf, sondern auch durch sein Monogramm, zwei grafisch gekonnt ineinandergestellte Buchstaben.

AD: Albrecht Dürer ist der erste Künstler, der seine Holzschnitte signiert. Wahrlich revolutionär ist aber eine weitere Neuheit, die Dürer eine einzigartige Wirkung ermöglicht: das Format.

Waren bis dahin Holzdrucke in Büchern selten mehr als ergänzende Illustrationen, erhebt Dürer sie nun zu eigenständigen Kunstwerken. 40 mal 30 Zentimeter messen seine Blätter und sind damit weitaus größer als das bis dahin Übliche.

Die Nachfrage nach seinen Drucken nimmt so stark zu, dass Dürer einen Agenten für den Verkauf engagiert. Auch legt er einen Vorrat an Holzschnitten und Kupferstichen an, der es ihm ermöglicht, den Markt kontinuierlich mit seinen Werken zu versorgen. Denn im Gegensatz zu einem Gemälde, einem Unikat, wechselt die Druckform ja nie den Besitzer, und limitiert sind Dürers Arbeiten nur durch die Vergänglichkeit des Werkstoffs: Von einer gestochenen Kupferplatte kann er bis zu 200 gute und insgesamt etwa 1000 akzeptable Drucke herstellen, von den unempfindlicheren Holzformen noch weitaus mehr. So ist ihm ein halbwegs regelmäßiges und wohl auch gutes Einkommen sicher.

Dann der endgültige Durchbruch. 1498 bringt Dürer ein Holzschnittbuch auf den Markt, das er selbst verlegt. Inhalt ist die biblische „Apokalypse des Johannes", ein zweifellos gut gewähltes Thema am Ende eines Jahrhunderts, an dem die Menschen in Furcht vor Seuchen und türkischen Invasoren besorgt in die Zukunft blicken. Zudem ist es in nie da gewesener Form illustriert.

Spektakulär und in enormer Detailfülle inszeniert Dürer den Weltuntergang als ein Ereignis der Gegenwart, in einer von seiner fränkischen Heimat inspirierten Landschaft. Solche Visionen haben Dürers Zeitgenossen noch

Um das Besondere im Gewöhnlichen zu zeigen, nimmt der Nürnberger beim **»GROSSEN RASENSTÜCK«** (1503) eine Perspektive fast auf Bodenhöhe ein

Dürers Vater stammt aus Ungarn, der Ehrgeiz trieb den Goldschmied in das reiche Nürnberg. Das Bild von **»ALBRECHT DÜRER D. Ä.«**, das der Sohn 1497 von dem 70-Jährigen fertigt, gilt in seiner anrührenden Realitätsnähe als erstes Renaissance-Porträt der deutschen Kunst

Obwohl sie nur aus grauen und weißen Strichen bestehen, scheinen sich die **»BETENDEN HÄNDE«** (1508) vom Papier zu lösen und von echtem Blut durchflossen

nicht gesehen: eindringlich, dramatisch – und durch die Nähe zu ihrer Lebenswelt umso bedrohlicher.

Unkonventionell ist auch seine Technik. So ignoriert er beim Übertragen seiner Entwürfe auf die Hartholzblöcke mitunter deren Maserung und differenziert nicht mehr zwischen Umriss- und Schattierungslinien. Auf diese Weise kann er seine Bildideen mit größtmöglicher Freiheit umsetzen.

Am Ende stehen Werke von technischer Virtuosität und visionärer Ausdruckskraft, die Dürers Arbeiten von denen aller anderen Künstler vor und nach ihm unterscheiden. Mit der „Apokalypse" hebt er den Holzschnitt endgültig auf das künstlerische Niveau der Malerei.

Er ist nicht einmal 30 Jahre alt – und schon international anerkannt, ja berühmt. Ein eleganter Vertreter der Künstlerschaft, der seine Stellung erkennbar genießt.

1498 malt sich Dürer selbst als einen jungen Mann in erlesener Kleidung, mit Wams, braunem Mantel und exklusiven, grauen Rehlederhandschuhen. Selbstbewusst trägt er lange, gelockte Haare und einen Vollbart, für den er nicht selten verspottet wird – dem herrschenden Schönheitsideal entsprechen Glattrasur und gestutzte Haare. Aber Bart und Haartracht, mit denen er wohl antiken Vorbildern nacheifert, werden zeitlebens Dürers Markenzeichen bleiben.

Inzwischen zählt er fest zu den intellektuellen Zirkeln der Stadt, ist gern gesehener Gast bei den geselligen Treffen einheimischer Humanisten, zu denen ihn ein Freund und Förderer regelmäßig einlädt: Willibald Pirckheimer. Der etwas ältere Nürnberger, Spross wohlhabender Patrizier, bringt Dürer die Antike näher. Denn der hochgebildete Altphilologe und Übersetzer aus dem Lateinischen und Griechischen, dem die bestausgestattete Privatbibliothek Deutschlands gehört, erschließt dem Maler theoretische Schriften antiker Autoren, vor allem aber mythologische Quellen, die Dürer vermutlich zu Arbeiten wie „Der große Herkules" oder „Tod des Orpheus" inspirieren.

An Aufträgen mangelt es Dürer nicht. Während er weiterhin Drucke verkauft, gelangt er – oft durch Hilfe Pirckheimers – an Altar- und Porträtarbeiten für wohlhabende Patrizierfamilien.

Meisterhaft versteht es Dürer dabei, Gesichtern etwas Einzigartiges zu verleihen. Wie nur wenigen Malern seiner Zeit gelingt es ihm, in seinen Porträts Gemütslage und Charaktereigenschaften des Dargestellten sichtbar zu machen. Den mächtigen sächsischen Kurfürsten Friedrich den Weisen etwa, der zu einem wichtigen Gönner wird, stellt er als Mann mit durchdringendem Blick und eindrucksvoll autoritärer Aura dar. Und Jakob Fugger, den wohl reichsten Mann der damaligen Zeit, malt Dürer mit ebenso strengem wie nüchternem Ausdruck und selbstsicherer Haltung.

°

DIE KUNDSCHAFT ist exklusiv und wird es auch überwiegend bleiben. Dürer bannt die Elite auf Leinwand: Diplomaten, den Nürnberger Bürgermeister, den kaiserlichen Reichsherold, sogar Kaiser Maximilian, dem er ebenso harte wie weiche Züge verleiht, ihn als Herrscher und Menschen gleichermaßen zeigt.

Reiche Freunde führen Dürer in die bessere Gesellschaft Nürnbergs ein und verschaffen ihm Aufträge. So malt er 1526 kurz vor seinem Tod **»HIERONYMUS HOLZSCHUHER«**, den Bürgermeister der Stadt

1515 entwirft er für den Monarchen den wohl gewaltigsten Holzschnitt aller Zeiten: eine mit 192 Holzstöcken gedruckte Papiertapete, die eine Art Triumphbogen für den Kaiser darstellt; über fast zehn Quadratmeter erstreckt sich diese „Ehrenpforte", die in Rathäusern und Fürstenpalästen überall im Reich vom Ruhm des Habsburgers künden soll.

Solche Arbeiten bringen Renommee, wenn auch zunächst kein Geld, denn der unter chronischer Geldnot leidende Monarch zahlt nur schleppend. Immerhin bewilligt Maximilian dem Maler als Bezahlung für die Ehrenpforte und andere Werke eine jährliche Leibrente von 100 Gulden – die den Kaiser freilich nichts kostet: Er verpflichtet die Stadt Nürnberg dazu, Dürers Rente aus Steuergeldern zu zahlen.

Anfangs ist die Werkstatt von solch prestigeträchtigen Großaufträgen wie der Ehrenpforte noch weit entfernt. Doch sie wächst rasch zum Unternehmen heran, braucht mehr Personal, um Nachfrage und Arbeiten bewältigen zu können. Schon bald unterstützen Dürer mindestens fünf weitere Männer: sein Bruder Hans, drei Gesellen sowie ein Stipendiat, dessen zweijährige Ausbildung Friedrich der Weise finanziert.

Ihnen gegenüber gibt sich Dürer keineswegs als distanzierter Meister. In seiner Werkstatt wird die Arbeit offenbar gerecht verteilt. Er selbst achtet vor allem auf die Einhaltung von Terminen und Qualität. Obendrein unterstützt er seine Gesellen auf ihrem Weg in die Selbstständigkeit, erlaubt ihnen, dass sie mitunter ihre eigenen Werke signieren, und verkauft auf späteren Reisen sogar die Drucke seines früheren Angestellten Hans Baldung.

Der Erfolg nimmt Dürer nicht die Lust am Experimentieren. Er bleibt außergewöhnlich vielseitig – technisch und inhaltlich. Mal schafft er großformatige Porträts in Kohle, mal setzt er Landschaften und Natur mit Aquarell- und Deckfarben in Szene, mal fertigt er Studien von realistischer Brillanz: betende Hände, einen Feldhasen. So lebendig malt er das Tier in kauernder Haltung, dass noch Jahrhunderte später spekuliert wird, ob als Vorlage wirklich, wie üblich, ein totes Tier gedient hat.

Sein wichtigstes Zeichengerät ist lange Zeit die Feder, die er in verschiedenen Stärken besitzt, von spitz bis breit. Später benutzt er auch häufiger einen Pinsel, der aber so fein ist, dass sich sein Strich kaum von dem einer Feder unterscheiden lässt.

So kunstvoll versteht Dürer den einzusetzen, dass der von ihm verehrte Maler Giovanni Bellini ihn bei seiner Rückkehr nach Italien um einen jener Pinsel bitten wird, „mit denen Sie das Haar malen" – um festzustellen, dass es sich um solche handelt, die er selbst benutzt.

Silbern schimmert der nackte Leib des Künstlers, nur die Locken sind in einem Haarnetz verborgen. Nie zuvor hat ein Maler es gewagt, den eigenen Körper so zu zeigen wie Dürer in dieser zwischen 1500 und 1512 entstandenen **»FEDERZEICHNUNG«** – sie ist das intimste seiner Selbstporträts

IM JAHR 1505 BEGINNT diese zweite Reise nach Italien. Inzwischen werden Dürers Werke nördlich und südlich der Alpen von so vielen Malern, Kupferstechern und Holzschneidern kopiert, dass er in einem Fall sogar eine Klage anstrengt: Nicht nur hat der Plagiator die Kopien der Holzschnitte perfekt gearbeitet, es fehlt nicht einmal das Monogramm. Für den Künstler ein klarer Verstoß gegen die immer höchste Qualität garantierende Marke Dürer.

Noch intensiver als bei seiner ersten Reise spürt der Nürnberger in Venedig und Bologna der Neuentdeckung der Antike nach. In Kirchen und Palästen, auf Plätzen und in Ateliers. Er besichtigt und entdeckt, untersucht und experimentiert.

Erneut beeindruckt ihn, dass die italienischen Künstler offenbar die zeitlosen Gesetze der Schönheit wiederentdeckt haben, die einst in der Antike geprägt wurden. Zudem will er in der Theorie dazulernen, in den Methoden. So lässt er sich in der Perspektivlehre unterrichten, stillt sein Interesse für Mathematik und Proportion und trifft sich mit Malergrößen zum Gespräch.

Die sehen den Deutschen längst als ebenbürtig an. Er bleibt fast anderthalb Jahre und arbeitet wie im Fieber. Für die Kirche der Deutschen in Venedig fertigt er im Auftrag von Kaufleuten für 110 Gulden das großformatige Altargemälde „Das Rosenkranzfest" an, das enormen Beifall findet. Die Auftraggeber sind begeistert.

Jeder sage, schönere Farben habe er noch nie gesehen, schreibt Dürer seinem Freund Pirckheimer. Und prahlt selbstbewusst: „Ich teile Ihnen mit, dass es kein besseres Marienbild im ganzen Land gibt als das meine." Aufträge für rund 2000 Dukaten, ein kleines Vermögen, gehen danach bei Dürer ein, doch er lehnt ab. Er will zurück nach Nürnberg. Selbst eine von Venedigs Stadtrat ange-

Als er 1525 im Schlaf eine **»ENDZEITVISION«** hat, skizziert und schildert Dürer am Morgen danach die im Traum durchlebte Sintflut

botene Anstellung mit festem Jahresgehalt vermag ihn nicht umzustimmen.

1507 reist er ab, sein Ansehen in Italien kann er nun kaum noch steigern. Diese Anerkennung wünscht Dürer sich auch in der Heimat: „Hier bin ich ein Herr, daheim bin ich ein Schmarotzer", schreibt er, etwas kokettierend, in seinem letzten Brief an Pirckheimer.

Zwei Jahre später zieht er mit seiner Werkstatt in das heutige Dürerhaus, einen imposanten Fachwerkbau mit Holzgalerie und Krüppelwalmdach. Vor allem durch das gefeierte „Rosenkranzfest" erhält die Werkstatt in Deutschland viele Aufträge für Gemälde und Altararbeiten. Weiterhin stellt der Betrieb aber auch Drucke her.

In den Jahren 1513 und 1514 erreicht Dürers Stecherkunst bei drei sogenannten „Meisterstichen" ihre Vollendung: Mit nie zuvor da gewesener Präzision schiebt der Künstler seinen Stichel durch das Metall, lässt die Linien durch sanften Druck auf- und abschwellen, spielt meisterhaft mit Licht und Stimmungen.

Als wären sie aus Tausenden Silberfäden gewoben, so schimmern schließlich die besten dieser Drucke.

Ist der von Tod und Teufel begleitete Ritter in „Der Reiter" ein Beispiel für moralische Tugend, die den rechten Weg nie verlässt? Oder ist der Stich nur eine Warnung vor dem grassierenden Raubrittertum? Und drückt die düstere, rätselhafte „Melancholie" mit der engelhaft geflügelten Gestalt im Vordergrund die demütige Erkenntnis aus, dass der forschende Mensch stets an die Grenzen seiner Möglichkeiten stößt?

Die Arbeiten festigen Dürers Ruf als einer der bedeutendsten Künstler seiner Zeit. So wie er versteht es niemand, in Stichen Ornamente und Figuren, Ernst und Spiel, Lust und Frömmigkeit zu verbinden.

Immer mehr interessiert den Meister in seiner zweiten Lebenshälfte aber die Theorie. Geradezu besessen ist er von der Suche nach messbaren Größen, auf denen die Schönheit der menschlichen Natur beruht. Schon seit Langem macht er sich Notizen zur wichtigsten Frage, die ihn beschäftigt: Gibt es die ideale Figur?

So beginnt er zu forschen, liest das zehnbändige Werk des antiken Architekturtheoretikers Vitruv, saugt auf, was der über die Symmetrie und Proportion von Tempeln schreibt, die darauf beruhe, dass alle Teile ein gemeinsames Grundmaß besäßen. Diese Regel gelte auch für die Darstellung des Menschen, für den der Römer sogar genaue Verhältniszahlen angibt: Im Vergleich zum Körper macht der Kopf ein Zehntel aus, der Fuß ein Sechstel, die Brust ein Viertel.

Zeitlebens treibt Dürer seine Proportionsstudien weiter voran und fasst sein Wissen schließlich in „Vier Büchern von menschlicher Proportion" zusammen. Zudem veröffentlicht er eine Schrift über den Bau von Verteidigungsanlagen. Angesichts der Bedrohung durch die türkischen Heere wird das Werk zum Bestseller.

1525 erscheint „Die Unterweisung der Messung", eine Art Lehrbuch der Geometrie für bildende Künstler und Kunsthandwerker. Darin geht es um gekrümmte Linien wie Schnecken und Spiralen, um Kurven im Raum, Säulen, Sonnenuhren. Es ist die erste wissenschaftliche Veröffentlichung zur Kunsttheorie in deutscher Sprache.

Als das Werk auf den Markt kommt, ist Dürer schon seit Jahren krank. Immer wieder suchen ihn Fieberschübe heim. Vermutlich hat er sich Anfang der 1520er Jahre in den Niederlanden mit Malaria angesteckt. Dennoch arbeitet er unermüdlich weiter. Seit 1524 schreibt er an der ersten Familienchronik der Kunstgeschichte.

Mehr und mehr schirmt ihn seine Frau von der Öffentlichkeit ab. Dürers Freund Pirckheimer glaubt jedoch, dass es die Gier der Gattin ist, die Dürer zum Schaffen drängt – und schließlich in den Tod treibt. Der scheint ihn dennoch überraschend zu treffen, denn ein Testament hinterlässt er nicht.

Am 6. April 1528 stirbt das Genie Albrecht Dürer im Alter von 56 Jahren, im Ruhm unter den Künstlern seiner Zeit allenfalls überstrahlt von Raffael, Leonardo und Michelangelo.

Seiner Frau hinterlässt er 6874 Gulden, der Nachwelt einen weitaus umfangreicheren Schatz: 1113 Zeichnungen, 108 Kupferstiche und Radierungen, 246 Holzschnitte und 188 Gemälde. ◊

GEO**EPOCHE**
Das Magazin für Geschichte

IMPRESSUM

CHEFREDAKTEURE: Jens Schröder, Markus Wolff
STELLVERTRETENDER CHEFREDAKTEUR: Dr. Frank Otto
ART DIRECTION: Tatjana Lorenz
TEXTREDAKTION: Jens-Rainer Berg, Insa Bethke, Dr. Anja Fries, Samuel Rieth, Johannes Teschner
AUTOREN: Jörg-Uwe Albig, Dr. Mathias Mesenhöller
BILDREDAKTION: Christian Gargerle (Leitung), Roman Rahmacher, Jochen Raiß
VERIFIKATION: Lenka Brandt, Olaf Mischer, Alice Passfeld, Andreas Sedlmair
LAYOUT: Eva Mitschke, Jan Schneidereit
KARTOGRAPHIE: Stefanie Peters
CHEF VOM DIENST / SCHLUSSREDAKTION: Dirk Krömer
REDAKTIONSASSISTENZ: Ümmük Arslan; Anastasia Mattern, Thomas Rost (Buchrecherche)
CHEF VOM DIENST TECHNIK: Rainer Droste
HONORARE: Andreas Koseck
GESCHÄFTSFÜHRENDE REDAKTEURIN: Maike Köhler

Verantwortlich für den redaktionellen Inhalt:
Jens Schröder, Markus Wolff

PUBLISHER: Frank Thomsen
(Stellvertreter: Toni Willkommen)
PUBLISHING MANAGER: Eva Zaher
SALES DIRECTOR: Franziska Bauske / DPV Deutscher Pressevertrieb
EXECUTIVE DIRECTOR DIRECT SALES: Heiko Hager, G+J Media Sales

Verantwortlich für den Inhalt der Beilagen:
Daniela Porrmann – Director Brand Solutions
G+J e I MS, Am Baumwall 11,
20459 Hamburg
Es gilt die jeweils gültige Anzeigen-Preisliste unter www.gujmedia.de
MARKETING: Pascale Victoir
HERSTELLUNG: G+J Herstellung, Heiko Belitz (Ltg.), Oliver Fehling

Gruner + Jahr GmbH
Sitz von Verlag und Redaktion:
Am Baumwall 11, 20459 Hamburg.
Postanschrift der Redaktion:
Brieffach 24, 20444 Hamburg.
Telefon: 040 / 37 03-0
Internet: www.geo.de/epoche

Heftpreis: 12,00 Euro (mit DVD: 18,50 Euro)
ISBN: 978-3-652-00956-0;
978-3-652-00950-8 (Heft mit DVD)
ISSN-Nr. 1861-6097

Bankverbindung:
Deutsche Bank AG Hamburg,
IBAN: DE 30 2007 0000 0032 2800 00,
BIC: DEUTDEHH
Litho: 4mat Media, Hamburg
Druck: appl druck GmbH,
Senefelderstraße 3–11, 86650 Wemding
Printed in Germany

GEO-LESERSERVICE

FRAGEN AN DIE REDAKTION
Telefon: 040 / 37 03 20 84
E-Mail: briefe@geo-epoche.de
Die Redaktion behält sich die Kürzung und Veröffentlichung von Leserbriefen auf www.geo.de/epoche vor.

BESTELLADRESSE FÜR GEO-BÜCHER, GEO-KALENDER, SCHUBER ETC.
Anschrift: GEO-Versand-Service,
74569 Blaufelden
Telefon: +49 / 40 / 42 23 64 27
Telefax: +49 / 40 / 42 23 66 63
E-Mail: guj@sigloch.de

ABONNEMENT- UND EINZELHEFTBESTELLUNG
Online-Kundenservice: www.geo.de/kundenservice
Telefon: 0049 / 40 / 55 55 89 90
Service-Zeiten: Mo–Fr 7.30 bis 20.00 Uhr,
Sa 9.00 bis 14.00 Uhr
Postanschrift: GEO*EPOCHE* Kundenservice,
20080 Hamburg

Preis Jahresabo: 72,00 € (D),
81,00 € (A), 114.00 sfr (CH)
Abo mit DVD: 105,00 € (D),
120,00 € (A), 174.60 sfr (CH)
Studentenabo: 43,20 € (D),
48,60 € (A), 68.40 sfr (CH)
mit DVD: 66,60 € (D),
77,40 € (A), 118.80 sfr (CH)
Preise für weitere Länder auf Anfrage erhältlich

USA: GEO*EPOCHE* is published by Gruner + Jahr GmbH
K.O.P.: German Language Pub.,
153 S Dean St, Englewood NJ 07631.
Periodicals Postage is paid at Paramus NJ 07652.
Postmaster: Send address changes to GEO*EPOCHE*, GLP, PO Box 9868,
Englewood NJ 07631.
KANADA: Sunrise News,
47 Silver Shadow Path, Toronto, ON, M9C 4Y2,
Tel.: +1 647-219-5205,
E-Mail: sunriseorders@post.com

Alle Fakten, Daten und Karten in dieser Ausgabe sind vom GEO*EPOCHE*-Verifikationsteam auf ihre Richtigkeit überprüft worden.

FOTOVERMERK NACH SEITEN

Anordnung im Layout: l.= links, r.= rechts, o.= oben, m.= Mitte, u.= unten

TITEL: Bayerische Staatsgemäldesammlungen/bpk-images

TITEL INNENSEITE: Bayerische Staatsgemäldesammlungen/bpk-images

INHALT: Bridgeman Art Library: 4 l. o.; Bayerische Staatsgemäldesammlungen/bpk-images: 4 r. o.; Biblioteca Nacional de España: 4 m.; Kunstsammlung Veste Coburg: 4 l. u.; Lebrecht Music & Arts/culture-images: 4 r. u.; Fine Art Images/Heritage Images/Getty Images: 5 o.; bpk-images: 5 m.; Peter Willi/SuperStock/Interfoto: 5 u.

BILDER FÜR DEN GLAUBEN: Staatsgalerie in der Katharinenkirche, Augsburg/Bayerische Staatsgemäldesammlungen: 6/7; White Images/Scala: 8; Bridgeman Art Library: 9, 11; Joseph S. Martin/Artothek: 10

DER MEISTER AUS FRANKEN: Bayerische Staatsgemäldesammlungen/bpk-images: 12/13, 21 l., 21 r.; Alfredo Dagli Orti/bpk-images: 14; Bridgeman Art Library: 15, 18/19, 22, 23, 24/25; Scala/bpk-images: 16/17; Joseph S. Martin/Artothek: 20 l., 20 r.; Corbis/Getty Images: 25

ALBRECHT DÜRER: Corbis/Getty Images: 26/27; Bridgeman Art Library: 28, 36; Michèle Bellot/Grand Palais/RMN/bpk-images: 29; Fine Art Images/dpa Picture-Alliance: 30; Fine Art Images/Heritage Images/ullstein bild:31; Heritage Images/Fine Art Images: 32; Imagno/Interfoto: 33, 34; Jörg P. Anders/bpk-images: 35; akg-images: 37

ZEITEN DES WANDELS: Metropolitan Museum of Art, New York: 39; Bridgeman Art Library: 40, 49; Gutenberg-Museum, Mainz: 42; Graphische Sammlung Albertina, Wien: 43; Sotheby's, London: 44/45; Artokoloro/imago images: 47; Jörg P. Anders/bpk-images: 48

LESEZEICHEN: Fine Art Images/dpa Picture-Alliance: 51

AUFSTAND DER FÜRSTEN: Biblioteca Nacional de España: 52–63

IM DIENST DER NEUEN LEHRE: Kunstsammlung Veste, Coburg: 65; Stadtkirche St. Marien in Wittenberg/Rainer Weisflog: 66/67; Fine Art Images: 68/69; bpk-images: 70/71; Jörg P. Anders/bpk-images: 72/73; akg-images: 74/75; Artothek: 76/77, 78 l., 79 r.; Bridgeman Art Library: 78 m.

STADT DER KETZER: Lebrecht Music & Arts/culture-images: 80/81: Hulton Archive/Getty Images: 83; Knud Petersen/bpk-images: 84/85; bpk-images: 86 l., 89; United Archives/mauritius images: 86 r., 87 r.; akg-images: 87 l., 92; Erich Lessing/akg-images: 88; Ann Ronan Pictures/Print Collector/Getty Images: 91; Fine Art Images: 93; Sebastian Ahlers/bpk-images: 94/95; Mary Evans Picture Library/Interfoto: 99

EINE FABRIK FÜR DIE KUNST: Fine Art Images/Interfoto: 100/101; Bridgeman Art Library: 102, 107 (3), 114 r. u.; Kupferstichkabinett, SMB, Berlin/bpk-images: 103; akg-images: 104; Hans Hinz/Artothek: 106; Volker-H. Schneider/bpk-images: 108/109; Fine Art Images: 110/111; Mathieu Rabeau/RMN-Grand Palais/bpk-images: 112; Fine Art Images/Heritage Images/Getty Images: 114 l. o.; Jürgen Fausch/Museum zu Allerheiligen, Schaffhausen: 114 m. o.; Getty Images: 114 r. o.; Hans Hinz/Artothek: 114 l. u.; Interfoto: 114 m. u.

DIE NEUEN WILDEN: bpk-images: 116/117, 118 u.; Aus der Teutschen Academie von Joachim von Sandrart, 1675: 118 o.; Bridgeman Art Library: 119; Austrian Archives/Imagno: 120; Fine Art Museum of San Francisco: 121 o.; Jörg P. Anders/bpk-images: 121 u., 126; Privatsammlung: 122 o., 124 o., 127 o.; akg-images: 122/123, 127 u.; Kunsthistorisches Museum, Wien: 124 u.; Gerhard Trumler/Imagno: 125; Galleria degli Uffizi, Florenz: 128 o.; Bayerische Staatsgemäldesammlungen/bpk-images: 128/129

DAS ANTLITZ DER ANDEREN: Fine Art Images: 130/131, 139; Galleria degli Uffizi, Florenz: 132; Kunstmuseum Basel: 133; akg-images: 134, 142; Erich Lessing/akg-images: 136/137; Glow Images: 138; Jörg P. Anders /bpk-images: 140 l.; Peter Willi/SuperStock/Interfoto: 140 m.; United Archives/mauritius images: 140 r.; Bridgeman Art Library: 141, 144 u.; Öffentliche Kunstsammlung, Basel: 144 o.; Interfoto: 145

AUFBRUCH NACH DER KATASTROPHE: Bridgeman Art Library: 146; Bayerische Staatsgemäldesammlungen/bpk-images: 147; Arne Psille/bpk-images: 148 o.; Landesmuseum für Kunst und Kulturgeschichte Schloss Gottorf: 148 u.; Annette Fischer/Heike Kohler/bpk-images: 149 o.; Jörg P. Anders/bpk-images: 149 u.

VORSCHAU: Oronoz/Album/akg-images: 154 l. o.; Strohmeyer & Wyman: 154 r. o.; DeAgostini/Getty Images: 154 l. u.; Mary Evans Picture Library/imago images: 162 r. u.; Jeff Albertson: 155

RÜCKSEITE: Graphische Sammlung Albertina, Wien

ZEITEN des WANDELS

TEXT: *Olaf Mischer*

Mit dem 15. Jahrhundert beginnt eine Ära der Entdeckungen, der wissenschaftlichen Erkenntnisse und Erfindungen. Diese Zeit des Aufbruchs bringt in den deutschsprachigen Landen auch eine neue, raffinierte Art der Malerei hervor, die sich ästhetisch an den Lehren der Renaissance orientiert – und im 16. Jahrhundert zunehmend im Zeichen einer fundamentalen geistigen Revolution steht: der Reformation

Das 14. Jahrhundert war für Deutschland – wie für ganz Europa – eine Katastrophenzeit, mit Hungersnöten, nicht enden wollenden Kriegen sowie dem Ausbruch der Pest, der ein Drittel aller Bewohner des Kontinents zum Opfer fiel. Auch geistig geriet das Abendland in eine tiefe Krise, als sich 1378 die katholische Kirche spaltete: Das völlig zerstrittene Kardinalskollegium wählte zwei miteinander konkurrierende Päpste, und 1409 wurde gar ein dritter Heiliger Vater gekürt. Das 15. Jahrhundert hingegen wird eine Ära des Umbruchs am Übergang zur Moderne sein: die Epoche des Humanismus, in der der Buchdruck mit beweglichen Lettern erfunden wird, der Renaissance und der europäischen Entdeckungen in Übersee.

1414

Auf Drängen des römisch-deutschen Königs Siegmund beruft Johannes XXIII., einer von drei amtierenden Päpsten, eine Kirchenversammlung nach Konstanz ein, um die Spaltung der Kirche zu beenden. Das Konzil, eines der größten des Mittelalters, setzt alle drei konkurrierenden Päpste ab oder drängt sie zum Rücktritt und macht damit den Weg frei für die Wahl Martins V. Dem neuen Pontifex maximus gelingt es, das geschwächte Ansehen des höchsten kirchlichen Amtes zu erneuern und die päpstliche Herrschaft über den Kirchenstaat zu festigen.

1438

Nach 130 Jahren wird mit Albrecht II. erstmals wieder ein Habsburger allgemein anerkannter römisch-deutscher König. Mit ihm beginnt die fast ununterbrochene Reihe von Habsburgern an der Spitze des Reiches bis zu dessen Ende im Jahr 1806.

1440

Nach dem überraschenden Tod Albrechts II. wird dessen Cousin Friedrich zum römisch-deutschen König gewählt. Seine Herrschaft währt 53 Jahre und ist die längste in der Geschichte des Reiches. 1452 wird Friedrich III. als erster Habsburger in Rom zum Kaiser gekrönt.

1454

Auf der Frankfurter Herbstmesse wird eine gedruckte Bibel feilgeboten. Sie ist das Werk des Mainzers Johannes Gutenberg, der den Buchdruck mit beweglichen Metalllettern erfunden hat. Die neue Technik leitet eine Revolution der Kommunikation ein: Bücher müssen nicht mehr mühevoll abgeschrieben werden, sondern können nun zu Hunderten und Tausenden gedruckt werden. Um 1500 sind wahrscheinlich bereits 40 000 Buchtitel mit einer Gesamtauflage von acht Millionen Exemplaren gedruckt.

1464

Nikolaus von Kues stirbt. Der gelehrte Geistliche und Kirchenreformer hinterlässt ein gewaltiges Korpus an Schriften. Schon der Titel seines ersten großen Werkes „De concordantia catholica" beschreibt das Programm seines Lebens: eine „allgemeine Übereinstimmung" zu erreichen, eine Einheit in der katholischen Kirche unter dem Papsttum.

1474

Kaiser Friedrich III. ruft zum Reichskrieg gegen Herzog Karl den Kühnen, den mächtigen Herrscher über das zwischen Frankreich und dem Heiligen Römischen Reich gelegene Burgund. Als Friedrich die Fürsten zum Kampf auffordert, verlangt er nicht nur Gehorsam, sondern appelliert auch an ihr Nationalbewusstsein: Den Kampfeinsatz seien sie „dem Heiligen Reich, euch selbst und der deutschen Nation schuldig". Erstmals führt ein Kaiser dieses Argument ins Feld und bezieht sich dabei auf die Nation als Abstammungsgemeinschaft. Schon bald darauf hängen die Schreiber, wenn vom Heiligen Römischen Reich die Rede ist, immer häufiger den Zusatz „deutscher Nation" an den Titel an. Der Appell ist erfolgreich: Karl der Kühne zieht sich angesichts der Übermacht der deutschen Kämpfer zurück.

1477

Maximilian, der Sohn Friedrichs III., heiratet Maria, die Tochter Karls des Kühnen. Nach dem Tod Karls (1477) und Marias (1482) beansprucht Maximilian die burgundischen Gebiete für seine Kinder und damit für das Haus Habsburg. Nach langen Kämpfen gegen den französischen König, der sich ebenfalls das Erbe Karls des Kühnen aneignen will, gelangen schließlich große Teile der burgundischen Ländereien in den Besitz der Habsburger. Damit entwickelt sich das „Haus Österreich" zu einer Dynastie von europäischem Rang.

1493

Maximilian I. folgt seinem Vater Friedrich III. auf dem römisch-deutschen Thron. Seine 25-jährige Regierungszeit ist geprägt von einer Vielzahl von Kriegen, durch die er die Großmachtstellung seiner Familie ausbauen will, sowie von andauernden Finanzproblemen, die ihn in Abhängigkeit von Bankhäusern wie dem der Augsburger Fugger bringen. Der neue König lässt an seinem Hof noch einmal das Rittertum aufleben, richtet Turniere aus und lässt Ritterepen sammeln. Mit der vermehrten Nutzung von Feuerwaffen und den immer zahlreicher werdenden Söldnerheeren ist die große Zeit der ritterlichen

Flammend stürzen Sterne vom Himmel auf die verzweifelt Schutz suchenden Menschen herab: Mit den 15 Szenen der biblischen Apokalypse gelingt Albrecht Dürer 1498 der Durchbruch als Künstler. Nie zuvor wurden Holzschnitte so meisterhaft ausgeführt – und waren so erschütternd (»ERÖFFNUNG DES FÜNFTEN UND SECHSTEN SIEGELS«)

Der Apostel kniet am Ufer des Meeres und verschlingt das Buch, das ein Engel ihm reicht. Die Szene stammt aus der Johannes-Offenbarung. Dürer treibt die Technik des Holzschnitts zu einer solchen Vollendung, dass er sie vom Handwerk zur Kunst erhebt (»DER STARKE ENGEL«, 1498)

Lebensform jedoch vorbei, und so wird Maximilian als der „letzte Ritter" in die Geschichte eingehen.

1495

In Worms kommt König Maximilian mit Fürsten und Vertretern der Städte zum ersten „Reichstag" zusammen, um unter anderem über eine Reform der Reichsstruktur zu beraten. Dabei beschließen die Teilnehmer die Einrichtung eines Reichskammergerichts, das als oberste Instanz in Rechtsfragen fungiert, sowie die Einführung einer reichsweiten Steuer und die Verkündung eines „Ewigen Landfriedens": Fortan sollen Konflikte – etwa zwischen Adeligen, die bis dahin häufig durch die Anwendung von Gewalt entschieden wurden – prinzipiell auf dem Rechtsweg gelöst werden. Zudem sollen die Stände von nun an regelmäßig zu Reichstagen zusammenkommen, um gemeinsam die Reichsangelegenheiten zu regeln.

1505

Der Nürnberger Maler und Grafiker Albrecht Dürer (1471–1528) bricht zu einer Reise nach Venedig auf. Ein Meister der Porträtmalerei, des Holzschnitts und des Kupferstichs ist er bereits, nun beschäftigt er sich mit der Perspektivlehre und antiken Proportionen, studiert die Arbeiten berühmter italienischer Künstler. Die norditalienischen Meister wiederum bewundern sein Schaffen. Mit seiner Vielseitigkeit und dem technischen Können ist Dürer der bedeutendste deutsche Künstler seiner Zeit.

1508

Maximilian I. nimmt in Trient den Titel eines „Erwählten Römischen Kaisers" an, ohne dass Papst Julius II. ihn in Rom krönt. Der Heilige Vater erkennt den Kaisertitel jedoch im Nachhinein an. Seither gilt jede Wahl eines römisch-deutschen Königs auch als Kaiserwahl.

1517

Der Wittenberger Theologe Martin Luther verfasst 95 Thesen über Missstände in der Kirche. Tausende gedruckte Flugschriften verkünden bald im ganzen Reich seine Botschaft von einem gewandelten christlichen Glauben, orientiert allein an der Bibel und nicht an einer überkommenen, vom Papst geführten Institution. Als Luther sich weigert, seine Kritik an der Kirche zu widerrufen, leitet dies den Bruch mit Rom ein. Es ist der Beginn der Reformation.

1519

Maximilians Enkel wird in Frankfurt als Karl V. zum römisch-deutschen König gewählt. Die Stimmen der Kurfürsten kann sich Karl nur durch gewaltige Bestechungssummen sichern. Wegen der herausragenden Machtposition, die die Habsburger erlangt haben, wird ihr Anspruch auf die Kaiserkrone kaum mehr infrage gestellt, sodass von nun an in der Regel der jeweilige Herrscher des Hauses Habsburg zum König und Kaiser des Heiligen Römischen Reiches gewählt wird.

1521

Auf dem Reichstag in Worms muss sich Martin Luther vor Karl V. und den deutschen Fürsten für seine Kirchenkritik verantworten. Da der Theologe seine Thesen nicht verwerfen will, verhängt der Kaiser kurz darauf die Reichsacht über ihn. Doch die Ausbreitung der neuen Konfession in weiten Teilen des Reiches kann Karl, der sich als Bewahrer der

Adam und Eva zeichnet Dürer wie antike Statuen und versetzt sie in einen deutschen Wald. Genau studiert der Künstler die Prinzipien der italienischen Renaissance. Den Körpern, die an griechische Götter erinnern, verleiht er individuelle Gesichter, und statt harmonischer Würde herrscht in seinem Paradies leichtes Chaos: bis hin zur Maus, auf deren Schwanz Adam tritt (»DER SÜNDENFALL«, 1504)

ALBERT9
DVRER
NORICVS
FACIEBAT
1504

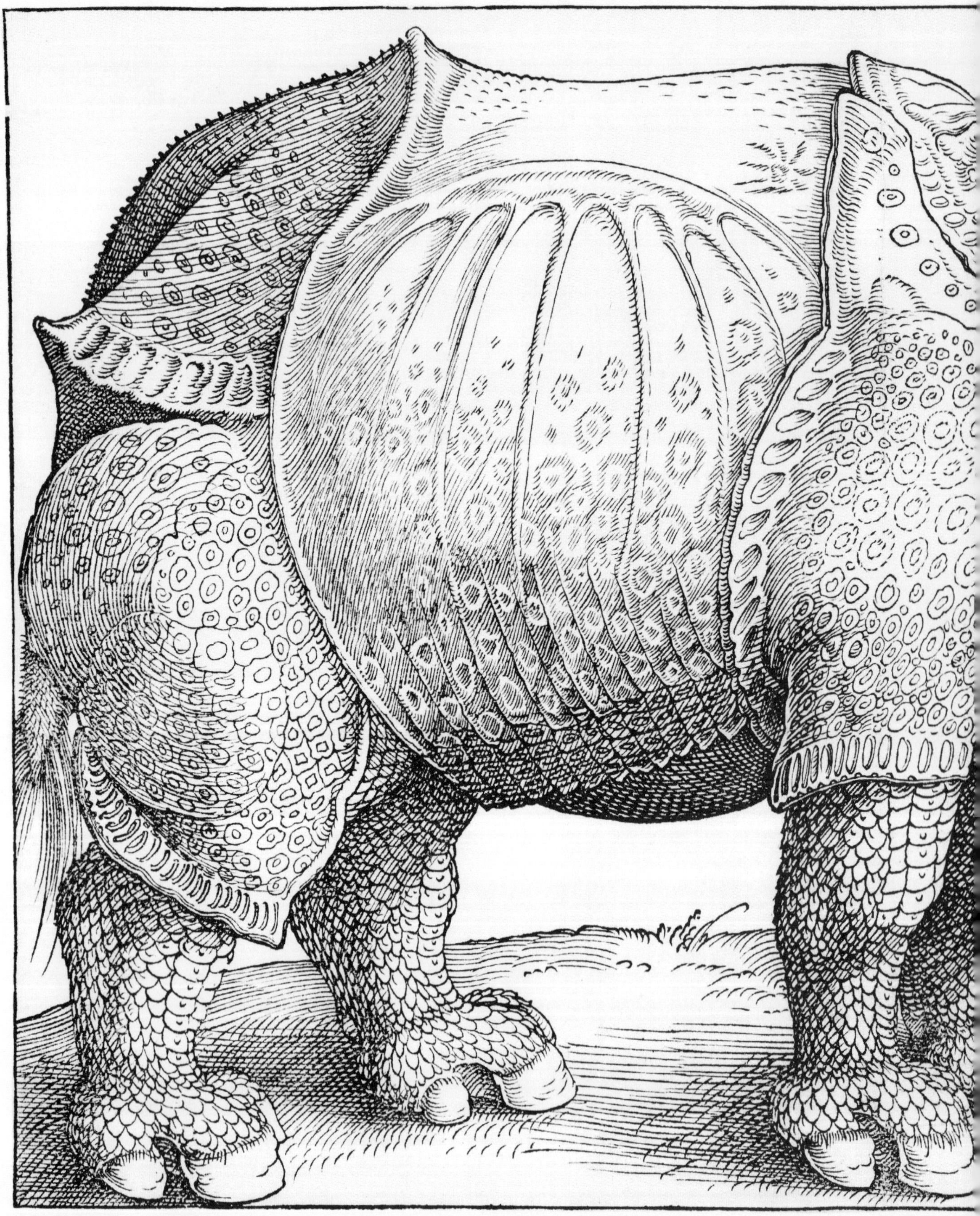

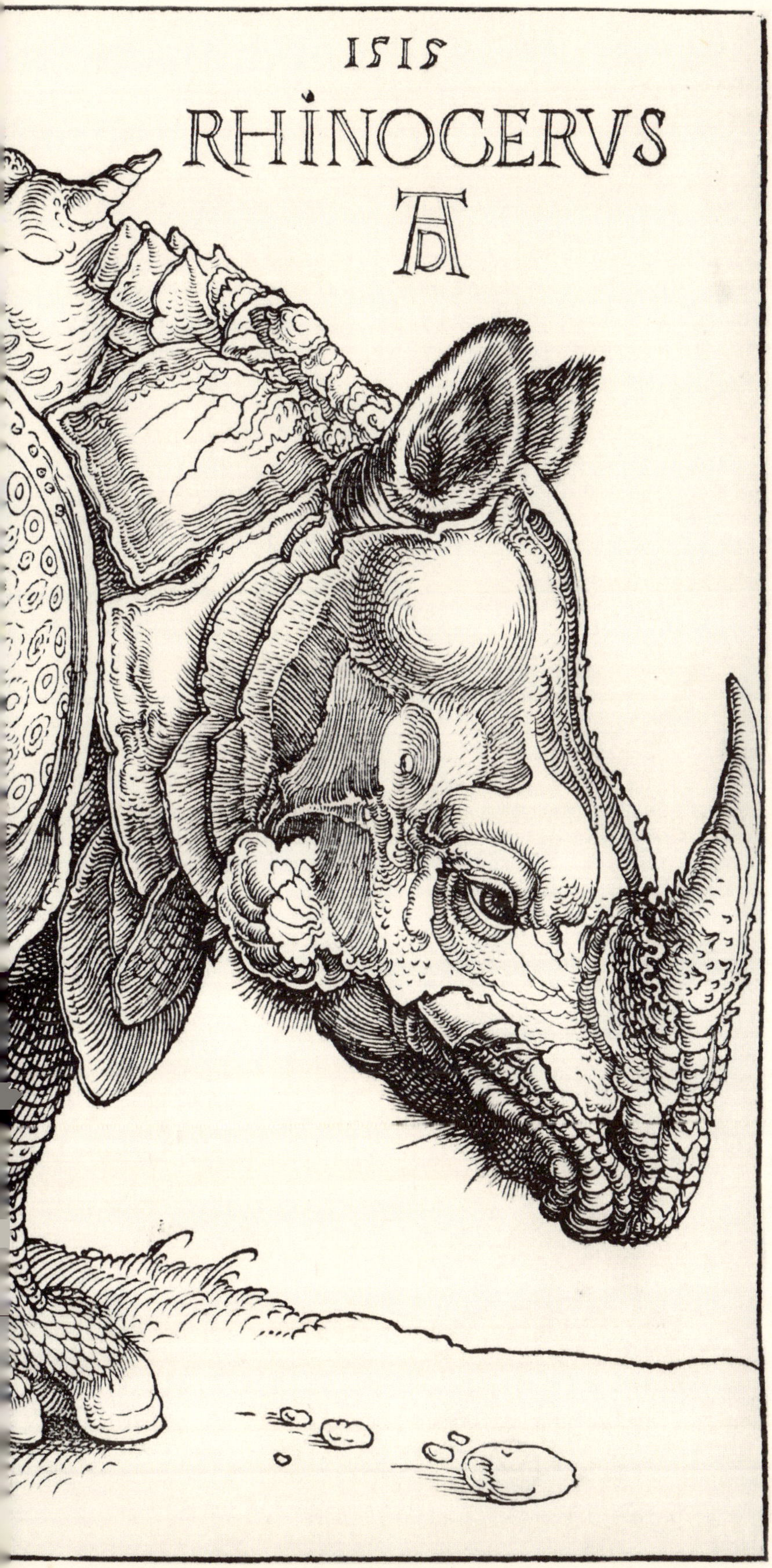

Wie durch eine Rüstung geschützt wirkt das **»RHINOCERUS«** von 1515. Der Holzschnitt zeigt das Tier scheinbar mit eisernen Platten am Körper, die geschuppte Oberfläche der Beine gleicht einem Kettenhemd. Dürer hat den aus Indien stammenden Dickhäuter selbst nie gesehen – seine auf Beschreibungen und Skizzen beruhende Darstellung trägt indes wohl zur deutschen Bezeichnung »Panzernashorn« bei

kirchlichen Einheit und Verteidiger des rechten Glaubens sieht, nicht verhindern.

1521/22

Karl V. und sein jüngerer Bruder Ferdinand vereinbaren, dass sie die habsburgischen Besitzungen untereinander aufteilen. Ferdinand erhält die österreichischen Herzogtümer und weitere Reichsgebiete zugesprochen, muss dafür seine Erbrechte auf die burgundisch-niederländischen Territorien und das Königreich Spanien aufgeben. Zudem ernennt Karl den Bruder zu seinem Stellvertreter im Heiligen Römischen Reich.

1524

Aufständische Bauern im Schwarzwald verlangen die Aufhebung der Leibeigenschaft sowie die Wiederherstellung traditioneller Rechte auf Jagd und Fischfang. Nach und nach erheben sich auch die Landleute in Franken, Württemberg, dem Elsass, Kurpfalz, Thüringen, Tirol, Salzburg, in Innerösterreich sowie der Nordschweiz. In gnadenlosen Schlachten können Fürstenheere die Aufständischen bis 1526 besiegen. Insgesamt sterben wohl mehr als 70 000 Menschen in dieser blutigsten sozialen Auflehnung der deutschen Geschichte.

1525

Als erste Reichsstadt führt Nürnberg offiziell die Lehre Luthers ein. Die Reformation breitet sich rasch in den größeren deutschen Städten aus, darunter in Bremen, Magdeburg, Frankfurt, Goslar, Lübeck und Hamburg. Auch einzelne Reichsfürsten treten um diese Zeit zum Protestantismus über, etwa Kurfürst Johann von Sachsen.

Albrecht von Brandenburg-Ansbach, Hochmeister des Deutschen Ordens in Preußen, wandelt das Ordensgebiet in das weltliche, protestantische Herzogtum Preußen um und leistet als dessen erster Herrscher dem polnischen König den Lehnseid. Albrecht reagiert damit auf die sich seit Langem verschlechternde Stellung des Ordens gegenüber dem polnischen Monarchen und das Ausbleiben von Hilfe aus dem Reich.

1527

Nachdem sich Papst Clemens VII. in einem Krieg der Habsburger in Italien gegen Karl V. gestellt hat, ziehen dessen spanische und deutsche Landsknechte nach Rom. Weil sie seit Längerem keinen Sold mehr bekommen haben, plündern sie die Ewige Stadt, foltern und töten Tausende Bewohner („Sacco di Roma“). Der Papst flüchtet in die Engelsburg, muss sich später den Truppen ergeben.

1530 krönt der Heilige Vater Karl V. in Bologna zum Kaiser, obwohl der den Titel bereits seit seiner Königswahl trägt. Es ist die letzte Erhebung eines römisch-deutschen Kaisers durch den Papst.

1529

Ein Heer des Osmanenherrschers Süleyman I. belagert Wien. Die Angreifer ziehen sich nach kurzer Zeit wieder zurück, doch stellen die osmanischen Truppen während der folgenden gut 150 Jahre immer wieder eine Bedrohung für das Heilige Römische Reich dar.

1531

Weil die evangelischen Fürsten und Magistrate im Reich eine gewaltsame Auseinandersetzung mit Kaiser Karl V. fürchten, der entschlossen ist, gegen die protestantischen „Ketzer“ vorzugehen, bilden sie in der thüringischen Stadt Schmalkalden eine politisch-militärische Schutzallianz. Der „Schmalkaldische Bund“ wird von Kurfürst Johann von Sachsen und dem Landgrafen Philipp von Hessen angeführt. Die reformatorische Bewegung breitet sich unterdessen weiter aus. In den folgenden Jahren werden etwa Pommern und Mecklenburg, einige schlesische Fürstentümer, die Herzogtümer Schleswig, Holstein und Württemberg und viele kleine Territorien protestantisch.

1532

Hans Holbein der Jüngere (um 1497–1543), bereits ein vielgereister und begehrter deutscher Maler, begibt sich nach England, wo er durch gute Kontakte an den Hof gelangt und 1536 zum Hofmaler des englischen Königs Heinrich VIII. (1491–1547) berufen wird.

1533

Heinrich VIII. heiratet seine Geliebte Anne Boleyn, weil er sich von ihr einen männlichen Thronfolger erhofft. Seine erste Frau, Katharina von Aragón, deren Söhne bald nach der Geburt verstorben sind, hat er zuvor verstoßen. Da der Papst die Aufhebung des Ehesakraments ablehnt, entzieht Heinrich ihm das Recht, sich in die religiösen Angelegenheiten seines Reichs einzumischen.

1540

Der Politiker Thomas Cromwell wird wegen angeblichen Hochverrats hingerichtet. Er hatte seinen König angesichts eines erwarteten Krieges mit den mächtigsten katholischen Herrschern Europas, dem französischen König Franz I. und dem römisch-deutschen Kaiser Karl V., zur Ehe mit der Schwester des Herzogs von Kleve gedrängt, um den einflussreichen Fürsten als Verbündeten zu gewinnen. Weil Heinrich von seiner wenig attraktiven deutschen Ehefrau enttäuscht war, ließ er sich scheiden und die Ex-Gattin aufs Land verbannen. Hein-

Stolz und aufrecht sitzt »DER REITER« im Sattel – doch seine Ende naht. Tod und Teufel sind schon bei ihm, auch der Totenkopf unten und die kahlen Bäume im Hintergrund künden von Vergänglichkeit. Virtuos zeigt Dürer 1513 die Gefahr, der sich jeder Kämpfer aussetzt, ganz gleich, wie imposant seine Erscheinung sein mag

S 1513

MELENCOLIA I
16 3 2 13
5 10 11 8
9 6 7 12
4 15 14 1
1514

richs Groll nutzten Cromwells Gegner zu einer Intrige gegen den vormaligen Vertrauten des Königs.

1555

Nach jahrzehntelangen, mitunter gewaltsam ausgetragenen Kontroversen schließen Katholiken und Protestanten auf einem Reichstag den „Augsburger Religionsfrieden“. König Ferdinand I., Stellvertreter Karls V. im Heiligen Römischen Reich, einigt sich mit den deutschen Fürsten und Städtevertretern darauf, dass die Lutheraner fortan den Katholiken gleichgestellt sind. Der Vertrag regelt zudem, dass die Landesherren über die Konfession ihrer Untertanen bestimmen dürfen. Die Bestimmungen des Abkommens sichern dem Reich einige Jahrzehnte des inneren Friedens, doch nicht zuletzt aufgrund einer Reihe unklarer Formulierungen und ausgeklammerter Fragen nehmen die Spannungen zwischen den Konfessionen gegen Ende des Jahrhunderts wieder zu. Vor allem die katholische Seite versucht nun zunehmend, Zugeständnisse an die Protestanten rückgängig zu machen und so eine Rekatholisierung des Reiches zu erzwingen.

1556

Karl V., der sein Leben lang den Kampf um die Einheit der Kirche als wichtigsten Auftrag verstanden hat, dankt als Kaiser ab, weil er sein Ziel nicht erreicht hat. Im Kaiserreich wird sein Bruder als Ferdinand I. sein Nachfolger; die italienischen, niederländischen und spanischen Besitzungen der Habsburger gehen an Karls Sohn Philipp II.

1583

Rudolf II., Enkel Ferdinands I. und seit 1576 römisch-deutscher Kaiser, verlegt seine Residenz von Wien nach Prag. Unter Rudolf entwickelt sich der Hof zu einem kulturellen und wissenschaftlichen Zentrum des Reiches.

1608

Aufgrund der immer offensiver vorangetriebenen Rekatholisierung im Reich gründen protestantische Fürsten Süddeutschlands ein gemeinsames Schutzbündnis; dieser „Union“ treten später weitere evangelische Herrscher bei. Die katholische Seite antwortet darauf im Sommer 1609 mit der Gründung der Defensivallianz „Liga“, die vom Herzog Maximilian von Bayern angeführt wird.

1618

Als Reaktion auf die antiprotestantische Politik ihres Königs (des künftigen Kaisers Ferdinand II.) dringen Anführer der böhmischen Stände in die Prager Burg ein und werfen zwei kaiserliche Statthalter aus einem Fenster in den Burggraben. Der auf den „Prager Fenstersturz“ folgende Aufstand weitet sich durch das Eingreifen von protestantischen und katholischen Fürsten zu einem allgemeinen Konflikt um Religion und politische Macht aus, der das Zentrum des Kontinents verwüstet: zum Dreißigjährigen Krieg.

Als der Dreißigjährige Krieg 1648 zu Ende geht, ist das Kaisertum geschwächt und vom Heiligen Römischen Reich nur noch ein eher lockerer Bund Hunderter de facto souveräner Grafschaften, Herzog- und Fürstbistümern sowie freien Städten übrig geblieben. Der Kaiser ist nun bei allen Entscheidungen auf das Wohlwollen des Reichstags angewiesen. Doch wirkliche Machtfülle besitzen nur die acht Kurfürsten, die den Kaiser wählen. ◊

Auch den Kupferstich beherrscht der vielseitige Künstler meisterhaft. Mit einem Gewebe Abertausender Linien stellt er 1514 eine Leitfigur der Humanisten dar: **»HIERONYMUS IM GEHÄUS«** zeigt den gelehrten Kirchenvater in dessen Studierkammer

Den Titel seines rätselhaftesten Bildes hat Dürer einer Fledermaus auf die Schwingen geschrieben. Darunter hockt ein missmutiger Engel inmitten von Werkzeugen weltlicher Gelehrter, die die Quellen der Schwermut symbolisieren, nämlich Wissensdrang und Schöpfungslust. Sie treiben die Menschen irgendwann zu der Erkenntnis, dass ihre Kräfte begrenzt sind (**»DIE MELANCHOLIE«**, 1514)

DÜRER *TRÄGT DEN GEIST* DER RENAISSANCE *NACH NORDEN*

Zum Herausnehmen: ein Lesezeichen mit wichtigen Daten zu Dürer und seiner Zeit

AUFS der FÜ

TEXT: *Insa Bethke*

Im März 1495 empfängt König Maximilian I. die Fürsten des Heiligen Römischen Reiches, dessen
und Städtevertreter sollen ihm Geld für seine Kriege bewilligen, stellen aber ihrerseits Forderungen:
innerlich zerrüttete Imperium endlich befrieden. So beginnt ein monatelanges Ringen zwi

TAND
RSTEN

Kern die deutschen Lande sind, in Worms zu einem Hoftag. Die Herzöge, Grafen, Bischöfe
nach mehr Mitsprache, einer allgemeinen Steuer und zentralen Institutionen, die das von Fehden
schen Reichsfürsten und Monarch, an dessen Ende ein epochales Reformwerk steht

DIE ZEICHNUNGEN zeigen einen fiktiven Triumphzug Maximilians, eine Parade wichtiger Personen und Ereignisse seines Lebens (um 1606)

DER KÖNIG und seine Familie reisen in einem prächtigen Wagen: Das Auftragswerk soll Maximilians Taten für die Nachwelt erhalten

EIN KARREN im Tross transportiert Trophäen aus einer siegreichen Schlacht in der Oberpfalz, an die das Schaubild erinnert

Nichts scheint mehr gewiss in diesen Dekaden. Ende des 15. Jahrhunderts treiben gewaltige Umwälzungen Europa in eine neue Zeit. Vorbei ist die Ära der Kreuzzüge, in denen Ritter im Namen Gottes ihre Schwerter gegen Andersgläubige zogen, verblasst der Nimbus der römisch-deutschen Könige und Kaiser als weltliche Schutzherren der Kirche und all ihrer Gläubigen. 1453 ist Konstantinopel, die Hauptstadt des byzantinischen Reiches, in die Hände des osmanischen Sultans gefallen; seither bedrohen türkische Krieger das Abendland.

Von Italien und den Niederlanden aus verbreiten Kaufleute und Bankiers eine revolutionäre Form des Wirtschaftens, bei der es einzig darum geht, durch geschickten Einsatz von Kapital möglichst hohe Profite zu erzielen. Immer dichter knüpfen sie ihre grenzüberschreitenden Handelsnetze.

Seefahrer, die im Auftrag ihrer Herrscher nach gewinnträchtigen Routen für den Warenimport aus Fernost suchen, eröffnen den Europäern neue, unvorstellbar weite Horizonte: 1488 umsegelt der Portugiese Bartolomeu Diaz die Südspitze Afrikas, bald wird der Seeweg nach Indien offen sein. Vier Jahre später entdeckt der im Auftrag Spaniens reisende Genueser Christoph Kolumbus im Westen einen neuen Kontinent.

Zugleich rauben Intellektuelle, die die Ideale der Antike für sich wiederentdeckt haben, der Kirche ihre Deutungshoheit in der geistigen Welt, feiern diese „Humanisten" den freien Christenmenschen als wichtigsten Maßstab. Und der um 1450 erfundene Buchdruck mit beweglichen Lettern sorgt dafür, dass aufrüttelnde Gedanken wie diese sich in rasanter Geschwindigkeit in großen Teilen Europas ausbreiten.

Wie ein Ungetüm aus der Vergangenheit ragt das Heilige Römische Reich in diese Epoche des Aufbruchs: ein schwer zu regierendes Herrschaftsgebilde, das keine Hauptstadt hat und nicht einmal klare Grenzen.

Sein Kern, die deutschen Lande, ist zersplittert in Hunderte Herzogtümer, Grafschaften, Städte, Dörfer, Bistümer, Klostergüter, in denen Herren mithilfe eines über Jahrhunderte gewucherten Geflechts aus Gewohnheitsrechten regieren. Einzig der Treueschwur auf den Kaiser als Monarchen von Gottes Gnaden und Patron der abendländischen Christenheit eint die Fürsten.

Doch in diesen Jahren kommt ihr Oberhaupt nicht einmal mehr seiner wichtigsten Pflicht nach: für Ordnung und Sicherheit zu sorgen. Vielerorts gilt nur das Recht des Stärkeren. Jeder Herrscher verfolgt seine eigenen Interessen. Fehden zwischen Adelsfamilien verwüsten etliche Landstriche. Zahlreiche Ritter haben sich auf Raub verlegt, weil immer mehr angeworbene Söldnertruppen mit Artilleriegeschützen statt der schwer gerüsteten Reiterkrieger die Schlachten Europas schlagen.

Wer durch dieses Reich reist oder Waren transportiert, riskiert oft sein Leben. Schlimmer noch: Über den Balkan dringen die Osmanen immer wieder in Richtung Wien vor, auf die Residenzstadt der Habsburger, die seit einem halben Jahrhundert den König stellen.

Zudem ist Frankreichs Herrscher Karl VIII. im Herbst 1494 in Italien einmarschiert. Zwar gibt der Monarch vor, lediglich seine Erbansprüche im fernen König-

ADELIGE bekleiden symbolische Hofämter, etwa als Koch. Der Zyklus besteht aus insgesamt 109 Miniaturen

reich Neapel durchsetzen zu wollen, doch befürchten viele im Reich, dass Karl bald auch auf Territorien in Oberitalien ausgreifen wird, die zumindest nominell dem römisch-deutschen Herrscher unterstehen.

In dieser Situation, so empfindet man es bei Hof, bräuchte das Reich einen König, der durchgreift, der zeigt, dass er seine Rolle als Schutzherr des Imperiums und seiner Glieder ausfüllt, einen Feldherrn mit einem schlagkräftigen Heer.

Doch Maximilian I., Erzherzog von Österreich und seit 1493 alleiniger Herrscher über das römisch-deutsche Reich, hat nichts in der Hand, um die Gefahren abzuwehren. Die Kriegskasse der Habsburger ist nach langjährigen Kämpfen der Dynastie mit den Ungarn im Osten und den Franzosen um die burgundischen Besitzungen im Westen leer. Zudem haben die Kaiser in der Vergangenheit einen Großteil der Ländereien im Reich, die ihnen direkt unterstellt waren, verpfändet und erzielen aus ihnen schon lange keine Einnahmen mehr. Maximilian braucht dringend Geld.

Ende November 1494 ruft er die Reichsstände, also alle geistlichen und weltlichen Fürsten in den deutschen Landen sowie die Vertreter von 33 Städten, zu einem Treffen nach Worms: um ihnen die Mittel und die Soldaten abzuringen für seine Kriegspläne.

Es ist Maximilians erster Hoftag. Und es wird nichts so kommen, wie es der König erwartet.

AM SPÄTEN NACHMITTAG des 18. März 1495 dröhnen der Hufschlag von Pferden und das Klirren von Rüstungen durch Worms. Mit seinem Gefolge aus Rittern und anderen Adeligen hält Maximilian Einzug in die Bischofsstadt am Westufer des Rheins. 36 Jahre ist er alt, markant das lange, vorgeschobene Habsburgerkinn, die Hakennase.

Der Zug nimmt den Weg durch die nördliche Vorstadt. An vielen Bürgerhäusern, die den Weg säumen, prunken provisorische Wappenschilder: Die markierten Gebäude sind für die Dauer des Hoftages als Unterkünfte angemietet.

Der Herzog von Lothringen etwa hat sich die Residenz eines früheren Bürgermeisters neben dem Dominikanerkloster gesichert, Markgraf Friedrich von Brandenburg ein Haus nahe dem Fischmarkt im Südosten der Stadt. Nur einen Steinwurf entfernt glänzt das Wappen des Mainzer Erzbischofs Berthold von Henneberg an einer Fassade.

Als Reichserzkanzler ist Henneberg für die Ausstellung von königlichen Urkunden zuständig und hat für sich und seine Mitarbeiter gleich zwei benachbarte Wohnhöfe reserviert.

Jedes Haus, so hat es Maximilian zuvor angeordnet, muss für die Dauer des Hoftages Gäste aufnehmen; auch die Klöster halten Betten vor. Für den Tross der Fürsten, für Musikanten, Stallknechte, Schmiede und Köche, sind Zelte errichtet und notdürftige Behausungen außerhalb der Stadtmauern zusammengezimmert worden.

Alles ist genau geregelt. Vier Weißpfennig kostet ein Bett für zwei Personen pro Nacht, ebenso viel eine Mahlzeit inklusive Dessert und Wein; für eine Morgensuppe mit Fischeinlage sind anderthalb Weißpfennig zu zahlen.

Vor dem ehemaligen Haus der Münze, einem mit Spitzbögen verzierten Bau im Zentrum, kommt der Tross zum Stehen. Die Wormser Ratsherren heißen den König feierlich willkommen und geleiten ihn anschließend – von

REITER MIT ihren Lanzen: Maximilian will auf dem Schlachtfeld vor allem den Ruhm seiner Dynastie mehren

einem prächtigen Baldachin beschirmt – zu seinem Quartier, nur wenige Meter entfernt im Bischofshof am Dom.

In den Tagen darauf zeigt sich Maximilian in der Stadt, empfängt Besucher und begrüßt eingetroffene Fürsten. Und obwohl noch längst nicht alle Delegationen eingetroffen sind, eröffnet er am 26. März den Hoftag mit einer Versammlung im Ratssaal (der König will keine Zeit verlieren und wartet daher nicht auf jene Teilnehmer, die erst in den folgenden Wochen hinzustoßen werden).

Ein Vertrauter Maximilians malt den Anwesenden aus, welche Gefahren dem Reich drohen – aber auch dem Papst, ja der gesamten Christenheit –, und bittet anschließend im Namen des Königs um Geld und Truppen.

Die Antwort folgt schon am nächsten Tag. Und sie ist schockierend: Die Fürsten und Führer der Reichsstädte werden erst dann über Geld reden, wenn sie vollständig versammelt sind. Bis dahin wollen sie mit Maximilian über eine Neuordnung des Reiches beratschlagen.

ES IST DER BEGINN eines Ringens um Macht und Einfluss, um Privilegien und Mitsprache, das viele Monate andauern wird. Eines Kampfes, an dessen Ende die Fürsten und Städte eine feste politische Teilhabe an der Herrschaft erstritten haben werden – und das Imperium der Deutschen erstmals ein rechtsstaatliches Fundament bekommt.

Dieses Reich nimmt gegen Ende des 10. Jahrhunderts erste Formen an, als die Dynastie der Ottonen im Ostfrankenreich die römische Kaiserwürde auf Generationen in ihren Besitz bringt.

Die Fürsten der Gebiete, aus denen das Reich besteht, etwa die Herzöge von Schwaben und Bayern, binden die Monarchen durch persönliche Treueeide an sich: Die Vasallen erkennen den König und Kaiser als den obersten Wahrer von Recht und Frieden an, empfangen von ihm Ländereien, Ämter und Privilegien wie etwa das Recht, Zölle zu erheben. Im Gegenzug sind sie als Lehensmänner verpflichtet, ihm in Notzeiten Rat und militärische Hilfe zu leisten. Auch Bischöfe, Grafen, Äbte und Kleinadelige binden die Herrscher im Lauf der Jahrhunderte so an sich.

In den Territorien der einzelnen Fürsten aber hat der jeweilige Monarch nicht viel zu sagen: Sie regieren eigenständig. Der Kaiser ist ohnehin meist fern, zu groß ist sein Imperium, um überall präsent zu sein.

Immer mal wieder versammelt der oberste Herrscher daher seine Vasallen zum Hoftag, um mit ihnen über Kriegs- oder Bündnispläne zu sprechen, Heere gegen auswärtige Feinde aufzustellen, Lehen zu vergeben oder über Streitigkeiten und Machtkämpfe innerhalb des Reiches zu beraten und zu befinden.

Einen festen Ablauf oder Ort für die Hoftage gibt es nicht. Selbst die Teilnehmer wählt der Kaiser von Fall zu Fall nach Gutdünken aus – je nachdem, welche Fürsten ihm für seine Pläne nützlich sind oder zufällig in der Nähe weilen.

Doch auf die Herrschernachfolge können die Fürsten Einfluss nehmen, denn im Prinzip ist das Reich eine Wahlmonarchie. Mächtigen Geschlechtern wie den Ottonen und nach ihnen den Saliern und Staufern gelingt es zwar, zeitweilig die Königswürde in der eigenen Dynastie zu halten, aber auch sie können sich nicht gegen den Willen der höchsten Fürsten im Reich an der Macht halten. Stirbt ein Geschlecht aus, wie 1024 das

SCHIFFE symbolisieren Seeschlachten des Königs. Seine größten Erfolge sichert ihm aber seine Heiratspolitik

der Ottonen, wählen die Fürsten einen aus ihrer Mitte zum König.

Dabei kommt es mehrmals zu Thronstreitigkeiten. Als etwa Kaiser Heinrich VI. 1197 unerwartet früh stirbt und mit einem zweijährigen Sohn keinen geeigneten Nachfolger hinterlässt, wählen zwei rivalisierende Parteien binnen weniger Monate den Staufer Philipp von Schwaben sowie Otto aus dem Geschlecht der Welfen zu römisch-deutschen Königen.

Um sich durchzusetzen, buhlen beide Oberhäupter um die Gunst des Papstes. Der Heilige Vater votiert für den Welfen, nutzt seine Rolle als Schiedsrichter aber vor allem, um den Einfluss der Päpste auf das Reich zu stärken: Per Dekret verkündet er, dass der Heilige Vater künftig bereits bei der Auswahl der Kandidaten befragt werden muss.

Auch nach dem Tod des Staufers Friedrich II. im Jahr 1250 erschüttern Thronkämpfe und Konflikte zwischen rivalisierenden Adelsgeschlechtern das Reich. Mehr als 60 Jahre lang führt kein Herrscher mehr den Kaisertitel.

Erst ab etwa 1350 gelingt es König Karl IV., das Reich wieder zu stabilisieren: Mit diplomatischer Raffinesse und rastlosen Reisen durch das gewaltige Imperium vereint er die Fürsten hinter sich und vereinbart mit ihnen 1356 auf einem Hoftag ein Regelwerk für die Königswahl – die nach ihrem kostbaren Siegel benannte „Goldene Bulle“.

Dieses erste Verfassungsdokument des Reiches legt fest, welche Fürsten den König wählen dürfen: die Erzbischöfe von Mainz, Köln und Trier sowie der Pfalzgraf bei Rhein, der Herzog von Sachsen, der böhmische König und der Markgraf von Brandenburg. (Warum gerade sie das Recht zur Königswahl erhalten, ist bis heute ungeklärt; später wird sich ihre Zahl auf neun erhöhen.)

Der Ablauf der Wahl ist genau geregelt. So gibt der Erzbischof von Trier die erste Stimme ab, der Mainzer Erzbischof die letzte. Er ist es auch, der als Wahlleiter das Gremium zusammenruft und dessen Sitzungen organisiert.

Mit dem Kurfürstenkollegium entsteht erstmals ein fester Rat auf Reichsebene. Seine Mitglieder dominieren den engsten Beraterkreis um den König, besetzen wichtige Hofämter – und erhalten die Hoheit über die Rechtsprechung in ihren eigenen Territorien.

Ansonsten können die Könige jeden Prozess von einem Land- an das um 1235 entstandene Hofgericht ziehen. Doch die Behorde, bestehend aus einem vom Herrscher bestimmten Oberrichter sowie Schöffen und Kanzlisten, reist mit dem König durch die Lande. Und selten ist der Monarch dort, wo ein Urteil gerade nötig wäre.

Ihre Ehre, Ländereien, Ämter und Rechte verteidigen viele Adelige daher mit einem brutalen, aber legalen Mittel der Selbstjustiz: der Fehde. Nach 1400 weiten sich die Scharmützel mancherorts zu regionalen Kriegen aus, die vor allem den Westen der deutschen Lande verheeren. Dort arrondieren Reichsfürsten wie der Pfalzgraf bei Rhein unbehelligt ihre Territorien, rauben schwächeren Adeligen Burgen, Rechte und Ländereien.

Auch viele Ritter, einstmals die Kriegerelite des Reiches und als solche von bescheidenem Wohlstand, werden in die Armut gedrängt, weil benachbarte Herren sie ihrer

Ländereien und Privilegien berauben – aber auch, weil ihre Dienste als Krieger nicht länger gefragt sind. Söldnerheere treten an ihre Stelle.

Und so verdienen nun viele Ritter ihren Lebensunterhalt mit mutwillig vom Zaun gebrochenen Fehden, mit Raubzügen und Plünderungen.

Verhängte Landfrieden sind nicht von Dauer. Es fehlt an einer Autorität, die sie durchsetzen könnte. Dabei sind die Landesherren durchaus an einer Waffenruhe interessiert. Denn die Fehden sind kostspielig und gefährden den Handel. Doch das Reich ist zu schwerfällig, zu uneins für Reformen, und die Herrscher nach Karl IV. sind zu schwach.

Das ändert sich auch nicht, als mit Friedrich III. erstmals ein Habsburger 1452 die Kaiserwürde erlangt. Nach seiner Krönung in Rom wird er 19 Jahre lang die Stammlande seiner Dynastie in Österreich und der Steiermark nicht verlassen: Zu groß sind die eigenen Probleme, als dass er sich um das Reich und dessen Belange kümmern könnte.

Ein neuer **KÖNIG** *jung, kühn und eitel*

Der Herrscher ringt um die ungarische Krone, ficht innerfamiliäre Machtkämpfe aus, streitet mit Adeligen um die Rückzahlung von Schulden.

Als die Osmanen 1453 Konstantinopel erobern und nach Mitteleuropa vordringen, ruft er zwar mehrfach die Fürsten zu einem gemeinsamen Krieg auf. Doch er findet kaum Gehör.

Nur ein einziges Mal kommen die Fürsten in dieser Zeit ihrer Beistandspflicht nach: Als Friedrich III. an sie appelliert, als „deutsche Nation" gegen die bis zum Niederrhein vorgedrungenen Burgunder einzuschreiten. (Es ist der erste Beleg für den Gebrauch des Begriffs „deutsche Nation" durch den Herrscher. Kanzlisten werden die Formel erstmals 1512 in die offizielle Titulatur des Reiches aufnehmen, als „Heiliges Römisches Reich deutscher Nation".)

Die Gefahr von außen aber bleibt. Als Friedrich III. im Jahr 1493 stirbt, bedrohen die Osmanen Ungarn, fallen immer wieder in die Steiermark und den Osten Österreichs ein.

Noch im selben Jahr tritt Friedrichs Sohn Maximilian seine Alleinherrschaft als römisch-deutscher König an, überzeugt von dem Auserwähltsein der habsburgischen Dynastie, die ihm als „das edelste Blut auf Erden" gilt.

Er hat nun eine Machtposition erreicht, die seinem Geltungsdrang entspricht: Schon als Jugendlicher ist er von seinem Vater dafür getadelt worden, leichtsinnig und maßlos zu sein. Oft inszeniert er sich als kühner Held, brilliert bei Ritterturnieren und Jagden.

Zugleich treibt ihn ein unbeirrbarer Fortschrittsglaube. Er verehrt die Künstler der Renaissance, beruft humanistische Gelehrte an seinen Hof, modernisiert die Verwaltung seiner Besitzungen und beschäftigt sich mit den Vorteilen eines stehenden Heeres.

Zu seinem ersten wichtigen außenpolitischen Projekt macht der junge König den Kampf aller christlichen Mächte gegen die Osmanen. Die dafür notwendige Autorität will er sich in Rom sichern, mit dem Empfang der Kaiserwürde durch den Papst.

Ohne Unterstützung der deutschen Reichsfürsten aber kann sich Maximilian unmöglich auf der Apenninen-Halbinsel durchsetzen, geschweige denn gegen die Türken bestehen.

Ende November 1494 fordert der König daher per Sendschreiben alle Fürsten und die 33 Reichsstädte in den deutschen Landen auf, sich bewaffnet und mit ihren Mannschaften in Worms zu versammeln: zu einem Hoftag, „der uber 14 tag nicht weren sol". Anschließend will er sofort nach Rom ziehen.

WORMS, 27. MÄRZ 1495. Im Ratssaal lässt Maximilian durch einen Sprecher seine Forderungen präzisieren: Der König benötige neben einer „eylenden hilf" für den Feldzug in Italien eine auf zehn bis zwölf Jahre angelegte „bestendige hilf", um das Reich langfristig vor den Franzosen und Osmanen zu schützen. Zu Verhandlungen über die Missstände im Reich sei Maximilian durchaus bereit – erwarte jedoch, dass sich die Fürsten dafür bei der Bewilligung der Türkensteuer umso großzügiger zeigten.

Doch die Anwesenden weichen seinem Appell erneut aus; zunächst brauche das Reich eine „aufrichtig, bestendig ordnung und wesen", lassen sie ihn wissen.

Maximilian ist erpressbar geworden. Im Gegensatz zu seinem Vater kann er die Forderungen in dieser gefährlichen Situation nicht mehr einfach ignorieren. Er muss eine Einigung mit den Fürsten und Städten finden.

Aber ein Konsens besteht zunächst lediglich darüber, wie die Verhandlungen überhaupt geführt werden sollen. Rasch etabliert sich in etwa folgender Ablauf (wie genau einzelne Ergebnisse bei den Beratungen erzielt werden, ist bis heute wenig erforscht): Von Zeit zu Zeit treffen sich alle Anwesenden zu einer morgendlichen Plenumssitzung im großen Ratssaal, wo der König seine Forderungen verlesen lässt oder Gesandte des Papstes sowie

Vertreter aus Neapel und Mailand Klagen über das Vorrücken der Franzosen vortragen.

Anschließend ziehen sich die Kurfürsten, die übrigen Fürsten sowie die Gesandten der Städte in der Regel zu getrennten Beratungen zurück: die beiden Adelsfraktionen in jeweils eigene Räume im Bürgerhof, die Städtegesandten in das benachbarte Haus der Schuhmacherzunft.

Haben die Städtevertreter eine gemeinsame Position gefunden, tragen sie Reichserzkanzler Berthold von Henneberg das Verhandlungsergebnis vor, der sie bei dieser Gelegenheit meistens über den aktuellen Stand der Verhandlungen in den Fürstengremien informiert.

Großen Einfluss haben die städtischen Gesandten jedoch nicht: Die Fürsten nehmen ihren Standpunkt lediglich zur Kenntnis, alle wichtigen Entscheidungen fällen die Adeligen unter sich. Doch für die Vertreter der Städte ist es schon ein Erfolg, dass sie überhaupt auf einem Hoftag angehört werden – erst seit wenigen Jahrzehnten dürfen sie regelmäßig an diesen Reichsversammlungen teilnehmen.

Er will ein **HEER,** *3000 Mann stark*

Parallel zu den Verhandlungen arbeitet ein vom Erzkanzler eingesetzter Ausschuss in vertraulichen Sitzungen erste Entwürfe für eine Reichsreform aus. Das von den Kurfürsten geführte Kollegium will unter anderem die Rechtshoheit vom König auf ein ständisch besetztes, an einem festen Ort tagendes Reichsgericht übertragen und zudem die Bevölkerung über eine allgemeine Steuer, den „Gemeinen Pfennig", an den Kosten für die neue Institution, aber auch den Türkenzug beteiligen.

Der Gemeine Pfennig ist Berthold von Hennebergs Idee, wie auch ein noch weitaus gewagteres Projekt: Der Erzkanzler will ein „Reichsregiment", einen ständisch besetzten Regierungsrat mit festem Sitz in Frankfurt, an die Spitze des Reiches rücken – was einer Entmachtung des Kaisers gleichkäme.

Der jedoch ist in Worms mit ganz anderen Fragen beschäftigt. Denn die Lage in Italien hat sich zugespitzt: Frankreichs Herrscher Karl VIII. hat Neapel ohne größere Schwierigkeiten einnehmen können und wird nun zu einer Bedrohung für ganz Italien.

Auf Initiative des Papstes hat sich die „Heilige Liga" gegründet, ein Militärbündnis, dem unter anderem Venedig und der spanische König angehören. Auch Maximilian hat sich der Liga angeschlossen, denn er sieht nun nicht mehr nur seine norditalienischen Besitzungen in Gefahr: Karl VIII. könnte angesichts seiner Erfolge in Italien versuchen, die Kaiserkrone des Heiligen Römischen Reiches an sich zu reißen.

Die Furcht vor dem Franzosen dominiert nun die militärischen Überlegungen. Von der Türkengefahr ist dagegen kaum noch die Rede.

Wortreich beschreiben zwei Sprecher Maximilians am 24. April die Lage auf der Apenninen-Halbinsel vor den Vertretern des Reiches, drängen sie auf finanzielle Unterstützung für die Heilige Liga. Doch die Stände zeigen sich unbeeindruckt: Noch am selben Tag kommen sie überein, Maximilian ohne Reformzusagen keinerlei Hilfe zu gewähren.

Immer wieder drängt der Herrscher nun auf sofortige Geldzahlungen, bietet sogar an, eine jetzt geleistete Unterstützung auf die geplante Steuer anzurechnen. Denn aus Italien erreichen ihn schon bald neue Nachrichten: Am 4. Mai ist Karl VIII. in Rom eingezogen.

150 000 Gulden will Maximilian binnen sechs Wochen von den Ständen einsammeln – so viel würde ihn ein Heer von 3000 Söldnern für ein Jahr kosten.

Zwar bewilligt die Versammlung die Soforthilfe nach einigen Diskussionen tatsächlich, koppelt die Auszahlung aber an einen erfolgreichen Abschluss der Reformverhandlungen. Die aber geraten nach diesem ersten Kompromiss ins Stocken.

Es folgen Wochen, in denen die Stände mit dem König – aber auch untereinander – erbittert um Details der künftigen Reichsordnung streiten.

Die mächtigen Kurfürsten von Sachsen und Brandenburg etwa sperren sich gegen eine ständische Regierung und ein zentrales Gericht, weil sie um ihre starke Stellung im Reich fürchten. Die Versammlung der übrigen Fürsten wiederum will verhindern, dass die Kurfürsten maßgeblich das Personal der neuen Justizbehörde bestimmen. Gleichzeitig debattieren die Gesandten der Städte – die meisten Kommunen sind durch Handel reich geworden – über die Verteilung der steuerlichen Last aus dem Gemeinen Pfennig.

Immer wieder passt Berthold von Henneberg die Reformentwürfe an, lässt seine Schreiber Skizze um Skizze ausfertigen. Unermüdlich versucht er, die Debatten am Laufen zu halten, um endlich einen Abschluss zu finden. Der Erzkanzler lässt Schriftstücke und inoffizielle Infor-

WAGEN MIT Musikanten begleiten den von seinen Gefolgsleuten gefeierten König, hier die Hofkapelle

mationen zwischen dem König im Bischofshof, den Adelsfraktionen im Bürgerhof und den Städtegesandten im Schuhmacherhaus hin und her tragen, ruft die Stände immer wieder zu getrennten Beratungen auf, lagert einzelne Streitpunkte in Vermittlungsausschüsse aus.

So zäh und ermüdend ist das Prozedere, dass die oberbayerischen Gesandten ihren Herzog am 8. Juni bitten, sie vorzeitig aus Worms abzuberufen (was der ihnen allerdings verwehrt).

Bis Anfang Juni haben sich die Stände untereinander immerhin geeinigt, wie die künftige Landfriedensordnung und das Reichsregiment ungefähr aussehen sollen. Nun muss Maximilian Stellung zu ihren Entwürfen beziehen.

Doch der König bleibt eine Antwort schuldig.

Dagegen lässt er der Versammlung wieder und wieder die dramatische Lage in Italien schildern, schickt gar die venezianischen Gesandten, die ihn selbst beständig unter Druck setzen, zu Einzelgesprächen mit den Großen. Die aber beharren auf ihrer Haltung, ohne Reformzusagen nicht zu zahlen.

„Diese Deutschen sind Bestien, ja mehr als Bestien", kommentiert Maximilian seine verzweifelte Lage.

UM DEM PAPST ENDLICH die versprochenen Söldner schicken zu können, stimmt er schließlich der Einrichtung eines Kammergerichts sowie einem Reichsregiment grundsätzlich zu. Doch der König will die künftige Justizbehörde unbedingt an seinem Hof halten, unter seiner direkten Kontrolle – ebenso wie das Regiment, unter dem er sich eine Art Beratungsgremium ohne gesetzgeberische Befugnisse vorstellt.

Naturgemäß ist das Reichsregiment der größte Streitpunkt in Worms. Der Monarch muss unter allen Umständen verhindern, dass die Stände ihm eine Regierungsbehörde an die Seite stellen, wenn er seinem Anspruch als universaler Herrscher gerecht werden will.

Maximilian, der zukünftige Kaiser des Heiligen Römischen Reiches, im Selbstverständnis noch immer der mächtigste Herrscher des Abendlandes, gegängelt von einem Rat? Undenkbar!

Die Sache kommt in einen Vermittlungsausschuss. Und erst als das Gremium die Pläne für ein Reichsregiment Anfang Juli fallen lässt, weil seine Mitglieder einsehen, dass das Vorhaben nicht zu realisieren ist, kommt wieder Bewegung in die Verhandlungen. Die Fürsten verlegen sich nun auf die für Maximilian weniger bedrohliche Forderung, künftig jährlich zu einem „Reichstag" zusammenzukommen, um über alle wichtigen Angelegenheiten zu beraten.

Gut möglich, dass sich die Lage auch deshalb entspannt, weil einige Fürsten inzwischen dem Druck nachgegeben und ihren Anteil an der Soforthilfe für den Krieg des Königs bezahlt haben.

Während ein Ausschuss um Erzkanzler Henneberg die letzten Details des künftigen Besteuerungsverfahrens ausarbeitet, finden im hochsommerlichen Worms nun endlich all jene prunkvollen Zeremonien und Feste statt, auf die die Gäste und auch die Bewohner der Stadt wegen der schleppenden Beratungen seit Monaten vergebens gewartet haben.

Mehrmals ist Maximilian jetzt mit seiner Krone, dem Reichsapfel und Zepter auf dem Marktplatz zu sehen, wo er Huldigungen empfängt, Adeligen Titel und Län-

ERHOFFTER Triumph: Maximilian will Mähren und Portugal (hier deren Banner) für Habsburg gewinnen

dereien verleiht und verdiente Bürgermeister zu Rittern schlägt.

Im Anschluss messen sich Fürsten im Kampf mit Lanze und Schwert. Maximilian geht auf die Jagd oder vergnügt sich mit seiner Ehefrau im Tanzhaus neben dem Turnierplatz.

Am 4. August 1495, mehr als vier Monate nach Beginn der Verhandlungen, akzeptiert er die Reformentwürfe. Drei Tage später erhält die neue Reichsordnung durch sein Siegel Gesetzeskraft.

In einigen Kernforderungen haben sich die Stände durchgesetzt. Mit der Landfriedensordnung wird die Fehde unter Androhung der Reichsacht und des Verlusts von Leib und Gut auf alle Zeiten verboten; Streitfälle dürfen nur noch gerichtlich geregelt werden, nicht mehr mit Gewalt.

Verstöße gegen diesen „Ewigen Landfrieden" soll ein mit Adeligen und Rechtsgelehrten besetztes Kammergericht ahnden. Es ist in erster Instanz für die Reichsstände zuständig und in zweiter für all jene Reichsbewohner, die vor einem Landgericht kein Recht gefunden haben.

Das ist eine Entscheidung epochalen Ausmaßes: In den deutschen Landen wacht nun nicht mehr der Herrscher allein über Frieden und Gerechtigkeit, sondern eine vom Hof weitgehend unabhängige Justizbehörde.

Das neue Gericht soll in Frankfurt tagen und über den zunächst auf vier Jahre bewilligten Gemeinen Pfennig finanziert werden. Beamte der Landesherren sollen die Steuer in den Pfarreien des Reiches, nach Vermögen gestaffelt, von allen Bewohnern im Alter über 15 Jahren einziehen und an eine zentrale Behörde weiterleiten.

Es ist die erste auf Dauer angelegte Geldzahlung an eine Reichsinstitution (mit Ausnahme einer reichsweiten Steuer, die ein Fürstentag im Jahr 1427 zur Bekämpfung Aufständischer in Böhmen ausgerufen hatte, die aber nur wenige Wochen bestand).

Zudem willigt Maximilian ein, die Versammlung der Fürsten und der Städte als „Reichstag" zu einer regelmäßigen Einrichtung zu machen.

Sie sollen künftig einmal pro Jahr unter der Leitung des Mainzer Kurfürsten zusammenkommen und unter anderem darüber abstimmen, mit welchen Staaten das Reich Krieg führt oder Frieden schließt, wofür die Reichssteuern verwendet und wie Verstöße gegen die Landfriedensordnung geahndet werden sollen. Zwar werden die Beschlüsse des Gremiums erst durch die Zustimmung des Königs rechtsgültig – doch gegen den Willen der Stände kann dieser nun kaum noch etwas unternehmen.

So heißt der Verlierer von Worms: Maximilian. Immerhin – nach der Einigung über die Reichsreform versprechen ihm die Stände eine Bürgschaft über weitere 150 000 Gulden für die Söldner, die er dem Papst und dessen Verbündeten für den Kampf gegen Frankreich zugesagt hat.

In der Nacht auf den 11. September, fast sechs Monate nach der Eröffnung des Wormser Treffens, reist Maximilian als einer der letzten Teilnehmer in Richtung Frankfurt am Main ab.

Kurz darauf nimmt das Reichskammergericht dort seinen Dienst auf. Bereits im Herbst 1495 finden sich die

BUNTER Tross: Das bemalte Original-Pergament erstreckt sich auf über 100 Meter

ersten Kläger ein, darunter zwei Kölner Bürger, die seit Jahren um ein Gartengrundstück streiten.

Mit den Wormser Reformen erhält das Heilige Römische Reich nach mehr als einem halben Jahrtausend seines Bestehens erstmals ein Gerüst rechtsstaatlicher Normen und Institutionen – wenn auch nicht alle Beschlüsse umgesetzt werden. So torpediert Maximilian das ständische Kammergericht, indem er bereits 1498 eine zweite zentrale Justizbehörde einrichtet, den Reichshofrat, das er selbst als oberster Richter kontrolliert.

Auch der Reichstag kommt, anders als beschlossen, in den folgenden Jahrzehnten nicht jährlich, sondern in unregelmäßigen Abständen und im Durchschnitt nur alle drei Jahre zusammen.

Dennoch bringt die neue Institution schon bald etliche reichsweit gültige Gesetze auf den Weg, darunter Regelungen für das Münz- und Kreditwesen, Handwerks- und Gewerbeordnungen.

Erst gut 150 Jahre später wird sich der „Immerwährende Reichstag" in Regensburg etablieren: Nach einem langwierigen Streit zwischen Fürsten und König über verfassungspolitische Fragen geht der Reichstag nicht mehr auseinander und entwickelt sich so allmählich zu einem permanent tagenden Gremium, in dem Gesandte der Fürsten und Städte und ein vom Kaiser ernannter „Prinzipalkommissar" miteinander verhandeln.

Um das Reich leichter verwalten zu können, wird es Anfang des 16. Jahrhunderts in zehn Kreise unterteilt, mit eigenen Hauptmännern, Kassen und Kanzleien. Diese Verwaltungseinheiten, anfangs nur für die Durchsetzung zentraler Gerichtsurteile und der Landfriedensordnung zuständig, übernehmen nach und nach immer mehr staatliche Aufgaben bis hin zur Sicherung der äußeren Reichsgrenzen.

Auch das in Worms erprobte Beratungsverfahren in getrennten Versammlungen bewährt sich: Die Kurfürsten, Fürsten und Städtevertreter geben ihr Votum zu einer bestimmten Frage jeweils der Reihe nach ab, angefangen beim ranghöchsten Mitglied ihrer Kurie. Bildet sich auf diese Weise keine Mehrheit, wird das Abstimmungsverfahren wiederholt. Anschließend tauschen sich die Kurien untereinander so lange aus, bis sie dem König einen gemeinsamen Beschluss vorlegen können, der durch dessen Unterschrift rechtskräftig wird.

Nur ein Projekt scheitert: der Gemeine Pfennig, der den Kaiser unabhängig gemacht hätte von den immer neu einzuholenden Steuerbewilligungen der Stände. Viele Fürsten weigern sich, die Finanzhoheit über ihre Länder abzugeben, und zur Einrichtung der geplanten Steuerbehörde kommt es nie.

1521 wird das Steuerwesen auf Pauschalbeiträge umgestellt, die die Länder und Städte nach ihren eigenen Regeln aufbringen.

So gelten im Reich nun zwar erste rechtsstaatliche Prinzipien, doch anders als etwa Frankreich, dessen Könige fast uneingeschränkt über ihre Untertanen herrschen, über ein schlagkräftiges stehendes Heer und Einnahmen aus der modernsten Steuerbehörde Europas verfügen, bleibt es bis zu seinem Ende im August 1806 ein schwer zu regierendes Monstrum – ohne funktionierende reichs-

EIN BOTE auf einem Greif führt den Zug an, Pferde tragen eine Maximilian gewidmete Tafel

weite Verwaltung, ohne eigene Polizeibeamte, Ministerien und Soldaten.

Maximilian verfolgt auch nach dem Treffen in Worms seinen Traum weiter, sich südlich der Alpen durchzusetzen und in Rom zum Kaiser krönen zu lassen. Doch ein Feldzug, zu dem er 1496 gegen die Franzosen aufbricht, ohne vom Reichstag die versprochenen Gelder bekommen zu haben, scheitert kläglich.

Erst 1508 unternimmt er einen weiteren Versuch, die ersehnte Kaiserwürde zu erlangen. Aber bereits in Trient, wo er seine Truppen sammelt, erfährt er, dass ihm die Gegner mit überlegenen Heeren entgegentreten werden; Rom zu erreichen scheint aussichtslos. Kurzentschlossen lässt er sich daher im Dom der norditalienischen Stadt von den anwesenden Fürsten und Heeresführern zum „Erwählten römischen Kaiser“ proklamieren.

Eingebunden in mehrfach wechselnde Bündnisse, fällt Maximilian in den folgenden Jahren immer wieder nach Italien ein – ohne sich dort aber jemals durchsetzen zu können. Das Geld für seine Kriege presst er nun vor allem seinen Erblanden ab, die er damit an den Rand des Ruins treibt; zudem häuft er bei Handelshäusern riesige Schulden an.

SEINE GRÖSSTEN ERFOLGE aber erringt der österreichische Herrscher fernab der europäischen Schlachtfelder: Durch eine geschickte Heiratspolitik schafft er die Grundlagen für den Aufstieg des Hauses Habsburg zur stärksten Macht Europas.

Mit seiner ersten Ehe hat er die burgundischen Niederlande gewonnen, die zweite trug ihm zumindest zeitweilig ein profitables Bündnis mit Mailand ein. Und Ungarn sichert Maximilian seiner Familie durch Ehen, die er zwischen zwei seiner Enkel und den Kindern des dortigen Königs stiftet.

Geradezu visionär erscheint Maximilians Entscheidung, seine beiden ältesten Kinder mit Infanten auf der Iberischen Halbinsel zu vermählen, um so ein gegen Frankreich gerichtetes Bündnis mit Spanien zu besiegeln: Seinem Enkel Karl fällt 1516 damit ein Reich zu, dessen Grenzen die Konquistadoren bis nach Südamerika ausgedehnt haben.

Maximilian selbst will der Nachwelt als bedeutendster Kaiser seit Karl dem Großen in Erinnerung bleiben. Er lässt sich in Gemälden und Druckserien verherrlichen, verfasst Heldenepen über sein Leben, in denen er als Ritter und gottähnlicher Herrscher auftritt.

Doch als der Habsburger am 12. Januar 1519 mit 59 Jahren im oberösterreichischen Wels an den Folgen eines Gallenleidens stirbt, ist die von ihm mit solcher Hingabe beschworene Welt des Mittelalters nur noch ein schwacher Abglanz ihrer selbst.

Seit Martin Luther im Herbst 1517 den Handel des Vatikans mit Ablassbriefen angeprangert hat, kursieren in den deutschen Landen Flugschriften gegen die Gier des „römischen Höllenhundes“, gegen die willkürliche Allmacht des Papstes und seiner Kleriker.

Die revolutionäre Theologie des Reformators aus Wittenberg wird zahllose Gläubige, Fürsten, schließlich ganze Regionen des Heiligen Römischen Reiches deutscher Nation von der alten Kirche forttreiben. Wird die deutschen Lande spalten, neue konfessionelle Bündnisse hervorbringen.

Und die in Worms so mühevoll erkämpften Reichsinstitutionen auf eine erste, fürchterliche Probe stellen. ◊

Im DIENST der neuen LEHRE

Auch die Kunst wird zum Kampfplatz der 1517 von Martin Luther ausgelösten Reformation. Denn die Anhänger Luthers übersetzen ihre religiösen Botschaften in Gemälde, fertigen Flugblätter, die die andere Konfession verhöhnen, und schmücken ihre Kirchen mit Allegorien der Grundsätze ihrer allein wahren Religion. Dabei schaffen die evangelischen Künstler lebensnahe Porträts der Reformatoren und verzichten auf prunkvolle und idealisierende Heiligendarstellungen, wie sie noch immer in den Gotteshäusern der Altgläubigen hängen

TEXTE: *Frank Otto und Johannes Teschner*

In den Händen eines Dämons fliegt der Papst heran, um »IM HÖLLENRACHEN« des Teufels zu speisen. Das Mahl bezahlt er mit einem Ablassbrief wie dem, auf dem der Satan sitzt. Die Praxis der katholischen Kirche, Gläubige gegen Geld von ihren Sünden freizusprechen, verurteilt dieser Holzschnitt aus der Zeit um 1530

Gesichter einer REVOLUTION

Die protestantische Propaganda treibt einen wahren Personenkult um die herausragenden Protagonisten der Reformation: Immer wieder erscheinen Martin Luther und dessen Vertrauter Philipp Melanchthon in den Bildern, manchmal zusammen mit Jesus Christus oder ausgewählten Heiligen, die – ganz im Sinne der neuen Lehre – als menschliche Gefährten dargestellt werden

Als einer der zwölf Apostel nimmt Martin Luther beim Abendmahl einen Becher entgegen, erscheint im Bild darunter als Prediger in einer schlichten protestantischen Kirche. Auch einige seiner wichtigsten Mitstreiter zeigt der Wittenberger »REFORMATIONSALTAR«: So tauft auf der Darstellung oben links Philipp Melanchthon einen Säugling im Beisein von Lucas Cranach d. Ä., der gemeinsam mit seinem Sohn das Werk 1547 vollendet hat

Ihr Hoff vnd Kriegsleutte lasset euch an Ewer besoldung begnugen vnd beschwe-
ret noch vbersetzet niemands vnd Finanzet den leutten nit das ihre ab. Luc. iij.
Denn wer schenckung nimmet kan nicht einem wie dem anderen das
Recht vnd ieggleichhait widerfahren lassen, Im letzten Buch Moisi am
xvj. Capittel:
1549

Wehrhafter GLAUBE

Ein Krieg gegen den katholischen Kaiser, so lehren es die protestantischen Theologen, ist gerecht, ja geradezu eine Pflicht jener deutschen Fürsten, die sich zum neuen Glauben bekennen: als Verteidigung des wahren Christentums gegen den Tyrannen. Und so verkünden es auch die Künstler im Dienst der protestantischen Herrscher

Ein Haufen schwer bewaffneter Landsknechte sowie andere Gläubige verfolgen eine »PREDIGT JOHANNES DES TÄUFERS«. Lucas Cranach d. J. malt das Bild 1549. Es wirkt wie eine Drohung an den katholischen Kaiser, dass die Protestanten zum Kampf für ihren Glauben bereit sind

Sola fide

und

SOLA GRATIA

Allein durch seinen Glauben und Gottes Gnade kann der Christ erlöst werden: Diese zentrale These Luthers bedeutet eine Revolution des religiösen Denkens. Denn anders als die römische Kirche verkündet, nutzen gemäß der protestantischen Lehre gute Werke, Spenden und Ablasszahlungen dem Gläubigen nichts, und er braucht auch keinen geweihten Priester oder die Fürsprache von Heiligen, um das Seelenheil zu erlangen

Jesus Christus inmitten einer Familienversammlung: Dieses um 1575 entstandene Ölgemälde illustriert die lutherische Idee von der unmittelbaren Verbindung der Gläubigen mit Gott und seinem Sohn. Das Werk eines unbekannten Meisters entsteht offenbar im Auftrag einer wohlhabenden Hamburger Kaufmannsfamilie (»TRIPTYCHON MIT SEGNENDEM CHRISTUS UND STIFTERFAMILIE«)

Die wahre und die falsche LEHRE

Sie lesen die gleiche Heilige Schrift, sie beten zum gleichen Gott, und doch gibt es zwischen Katholiken und Protestanten während der Reformation keinen Kompromiss, sprechen sich die Konfessionen gegenseitig jede Legitimation ab. Den Anhängern der jeweils anderen Glaubensrichtung, so warnen die Prediger auf beiden Seiten, drohe nicht weniger als die ewige Verdammnis

Die linke Seite des Holzschnitts »UNTERSCHIED ZWISCHEN DER WAHREN RELIGION CHRISTI UND FALSCHEN ABGÖTTISCHEN LEHRE DES ANTICHRISTS« von Lucas Cranach d. J. (1546) zeigt die helle, geordnete Welt der Protestanten: Luther predigt, und ein Spruchband verbindet ihn direkt mit Gott. Rechts hingegen, düster und chaotisch, die katholische Seite: Ein Teufel bläst dem Mönch auf der Kanzel Luft ins Ohr, der Herr zürnt über lästerliche Riten – und über den Papst, der Ablassbriefe verkauft (u. r.)

Familiär und intim wirkt das Gemälde »CHRISTUS SEGNET DIE KINDER« (1546) von Lucas Cranach d. Ä., das den Gottessohn umgeben von Frauen, deren Sprösslingen und einigen Jüngern zeigt. Die Komposition mit den dicht aneinandergedrängten Figuren macht Jesus zum Teil der Gruppe – einzig seine zentrale Position weist ihn als wichtigste Person des Bildes aus

Einer von IHNEN

Nicht allein als Gottessohn sehen die Protestanten Jesus, sondern als Menschen, der unter ihnen auf der Erde weilte. Und so entspricht der lebensnahe Stil, der die deutsche Malerei seit dem 15. Jahrhundert prägt, ihrer Botschaft: Weil die Künstler jetzt Figuren einfühlsam und wirklichkeitsgetreu darstellen können, erscheint auch der Heiland in ihren Bildern als fassbares Individuum

Verdammte und ERLÖSTE

Während in den Kirchen der Katholiken oft ergreifende Szenen des leidenden Jesus das Publikum überwältigen sollen, sind die Werke protestantischer Künstler als Lehrbilder gedacht: Argumente für den eigenen und wider den anderen Glauben werden einprägsam präsentiert – und sollen den Betrachter vom reformatorischen Bekenntnis überzeugen

Kahl ist die linke Seite des Baums, belaubt und sonnenbeschienen die rechte. Links beobachten Moses und andere Propheten, wie Tod und Teufel einen Sünder in die Hölle jagen, rechts weist Johannes der Täufer auf Jesus, zu dessen Füßen Tod und Teufel besiegt liegen – und demonstriert so, dass die Menschen allein durch den Glauben an den Heiland die göttliche Gnade erlangen (»VERDAMMNIS UND ERLÖSUNG«, 1529)

d den Propheten
ömet erkentnus der sünden Roman·3·
tthei·11·
opheten gehen bis auff Johañes zeit
Vom menschen
Der gerechte lebett seines glaubens Roman·1·
wier halten das ein mensch gerecht werde den glauben
on werch des gesetzs Roman·3·
Vom Teuffer
Sihe das ist gottes Lamb das der welt sündetregt
Sant Johannes Baptist Johannis·1·
In der heiligung des geistes zum gehorsam vnd besprēg
ung des blutes Jesu Christi amen·1·petri·1·
Von Tode vnd Lamb
Der Tod ist verschlungen ym sieg Tod wo ist dein spis
Helle wo ist dein sieg, danck hab Gott der vns den siegk geg
hat durch Jesum christum vnsern herren·1· Corinth·15·

Zu Nachfolgern Jesu erhöht Lucas Cranach d. J. 1555 seinen Vater und Martin Luther. So spritzt das Blut des Gottessohns in seinem »EPITAPHALTAR JOHANN FRIEDRICH DES GROSSMÜTIGEN« direkt auf das Haupt des weißbärtigen Cranach sen., neben ihm der Reformator. Flankiert wird die Szene der Mitteltafel durch die betende Herrscherfamilie Sachsens, die Mäzene der Cranachs

Propaganda in BILDERN

Selbst als sich Katholiken und Protestanten 1555 im Augsburger Religionsfrieden gegenseitig anerkennen, endet der Konflikt zwischen den Konfessionen nicht, auch nicht in der Kunst. Denn fortan bestimmen die Fürsten den Glauben, der in ihrem Territorium gelten soll. Und um ihre Entscheidung vor den Untertanen zu rechtfertigen, engagieren sie oft Maler, die ihr jeweiliges Bekenntnis mithilfe eindrücklicher Gemälde feiern sollen ◊

STADT der Ke

Sie ist der Stolz des Reiches, sein Mittelpunkt, die Hüterin der kaiserlichen Insignien und nur dem Herrscher untertan: Nürnberg, viel bewunderte Metropole des Handwerks und der Händler. Im Jahr 1525 aber trifft der Rat eine Entscheidung, die den Zorn des Kaisers heraufbeschwören könnte

TEXT: *Constanze Kindel*

tzer

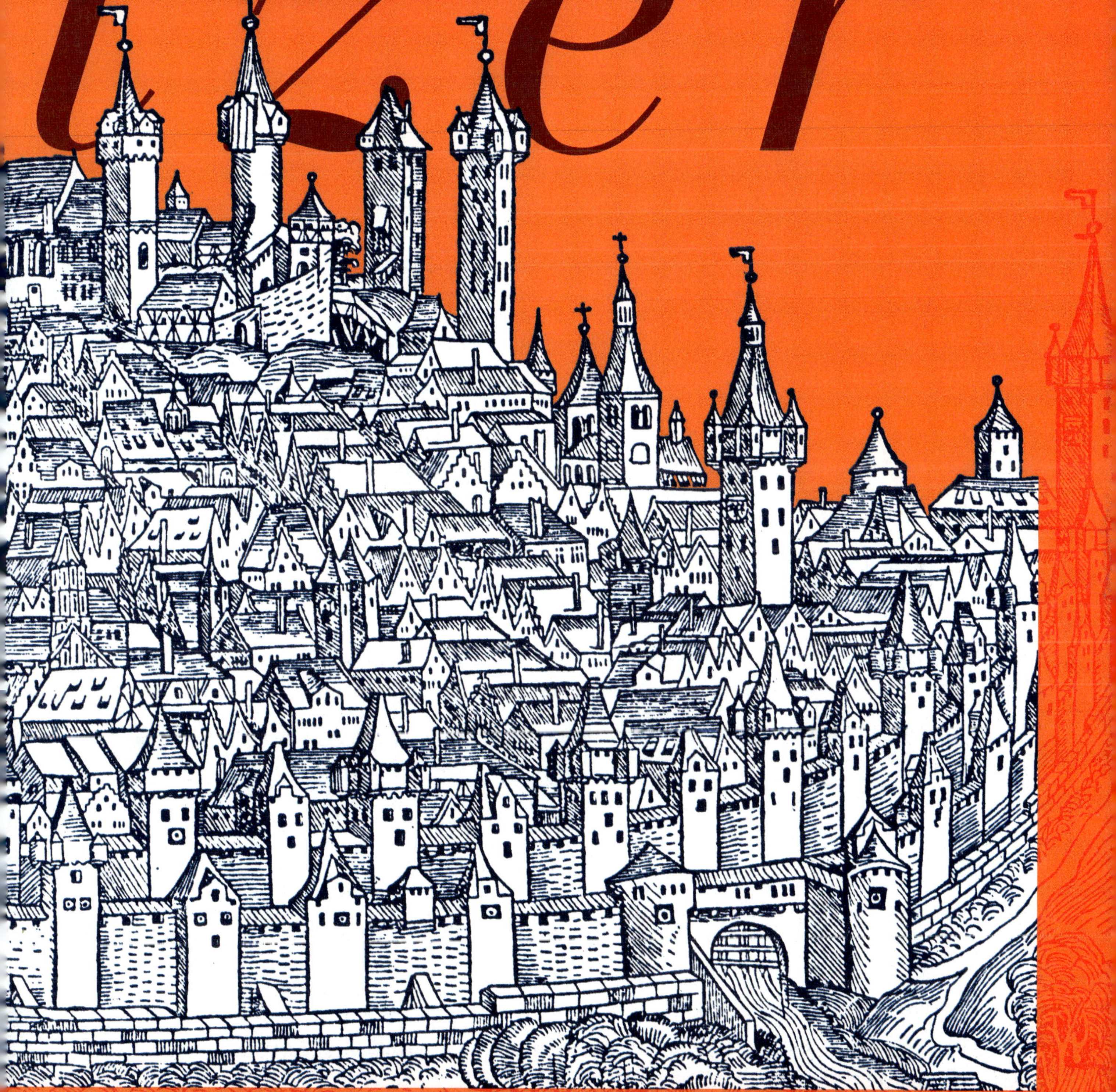

150 WACHTÜRME zählt Nürnbergs Stadtmauer. Von mehr als einem Dutzend Kirchen läuten sonntags Glocken in der Stadt unter dem Burgberg, die als frömmste im ganzen Reich gilt (Ansicht aus dem 15. Jahrhundert)

Unerschütterlich scheint sie auf den ersten Blick. Zwischen dichten Nadelwäldern und spärlichem Ackerland wächst die Stadt aus der sandigen Ebene. Himmelhoch erheben sich die Spitzen der Pfarrkirchen St. Sebald und St. Lorenz, ragt die Burg auf dem Felsen im Norden jenes Flusses empor, der die Metropole im Schatten der trutzigen Feste in zwei Hälften teilt, in Nord und Süd.

Die Mauern der Stadt, heißt es, zählen so viele Türme wie das Jahr Tage. Durch fünf mit Fallgittern bewehrte Tore und zwei schmale Durchlässe führt der Weg ins Zentrum – nach Nürnberg.

Den Fuhrmännern, die mit ihren Wagen an den Häusern der Torzöllner halten, den Kaufleuten, die über das Dutzend großer Handelsstraßen anreisen, den Handwerkern, die sich hierher aufmachen mit allem, was sie haben, den Bettlern, die zu Allerseelen zu Tausenden herbeiströmen: Ihnen allen scheint die Stadt unbezwingbar, ohnegleichen.

Im Jahr 1525 ist Nürnberg im Reich das Maß aller Dinge. Landkarten zeigen die Metropole als Mittelpunkt der deutschen Lande, ja als Zentrum Europas.

Vielleicht 40 000 Menschen leben innerhalb der Stadtmauern, auf einer Fläche von anderthalb Quadratkilometern. Ähnlich viele Einwohner haben nur Köln und Augsburg, in den meisten deutschen Städten sind es weniger als 2000. In Handwerk und Handel kann es allein Augsburg mit Nürnberg aufnehmen. Nur Ulm und Metz gebieten über ein Territorium, das ähnlich groß ist wie jene 1500 Quadratkilometer, die sich Nürnberg im Umland einverleibt hat, durch Kauf, Schenkung und Eroberung, mitsamt den Menschen, die dort siedeln.

Die Stadt selbst gilt als uneinnehmbar. In knapp anderthalb Jahrhunderten Bauarbeit hat sie sich hinter ihren Verteidigungsanlagen verschanzt. Zwei Mauerlinien umschließen einen Graben, bis zu 13 Meter breit und fast ebenso tief, dahinter ragt die bis zu acht Meter hohe Hauptmauer mit ihren 150 Wachtürmen auf. Mehr als fünf Kilometer ist die Mauer lang und schließt sich um die Stadt wie ein schiefes Parallelogramm.

Ein mächtiges Bollwerk, unerschütterlich. Selbst die beiden Öffnungen für den Stadtfluss Pegnitz sind mit Gattern gesichert, die bei einer Belagerung heruntergelassen werden können, um das Eindringen von feindlichen Soldaten zu verhindern. Sperren schützen vor Brandsätzen, die ein Gegner auf dem Wasser in die Stadt treiben lassen könnte.

Äußerlich ist Nürnberg nichts anzumerken in diesem März 1525. Alles scheint seine gewohnte, fest gefügte Ordnung zu haben, nichts ist zu spüren von dem Fieber, das die Stadt erfasst hat.

Äußerlich ist nichts zu merken von dem erbitterten Streit um den rechten Glauben, der hier seit Jahren tobt: zwischen denen, die die Lehren der römischen Kirche für unantastbar halten, und jenen, die finden, dass sich die Kurie weit entfernt hat von den Grundsätzen des wahren Evangeliums und dass die Kirche dringend der Erneuerung bedarf.

Doch wer wissen will, was die Nürnberger wirklich umtreibt, der muss ihnen zuhören, wie sie beim Wein im „Goldenen Horn“ nahe der Sebalduskirche diskutieren oder in der „Herrentrinkstube“ ein paar Schritte weiter, zu der nur patrizische Ratsmitglieder, Angehörige der ehrbaren Familien und deren Handelspartner Zutritt haben. Der muss in die Gassen hinter der Jakobskirche wandern, wo die Schmiede und Messermacher ihre Werkstätten haben.

Denn wo immer die Menschen zusammenkommen, gibt es kaum ein anderes Thema als das große Religionsgespräch im Rathaus, in dem seit Tagen um das Schicksal der Stadt gerungen wird und das Seelenheil ihrer Bürger.

Heute, am 14. März 1525, soll endlich die Entscheidung fallen im Glaubensstreit. Der Rat fürchtet um die Einheit der Stadt, wenn sich nicht alle Bürger hinter dem einen Glauben versammeln, der aus dem Religionsgespräch als der einzig wahre, richtige hervorgehen wird. Für ein letztes Treffen haben sich die führenden Männer Nürnbergs hinter den Spitzbogenfenstern des Großen Saals im ersten Stock des Ratsgebäudes verabredet.

Fünf Sitzungen liegen bereits hinter ihnen, in denen die Vertreter der beiden Seiten ihre Argumente ausgebreitet haben. Das sechste und letzte Treffen an diesem Dienstag soll den Ausschlag geben, welchem Glauben Nürnberg künftig folgen wird: dem alten oder dem neuen, der römischen oder der evangelischen Lehre.

Dass all das in der Stadt an der Pegnitz geschieht, erstaunt die Zeitgenossen vermutlich: ausgerechnet Nürnberg, die Stadt mit den vielen Kirchen und Klöstern, von der man sagt, sie sei die frömmste im Reich. Eine Bastion des christlichen Glaubens droht zerrissen zu werden über der Frage nach der wahren Religion.

Wie überall in Europa hat auch hier die von der römischen Kirche geschürte Angst vor ewiger Verdammnis die Menschen jahrhundertelang in die Gotteshäuser getrieben. Seit einiger Zeit aber besuchen immer mehr Gläubige aller Stände und Schichten jene Gottesdienste, in denen die Pfarrer die Prinzipien eines aufrührerischen Mönches predigen.

Die Worte Martin Luthers.

Denn der Mann aus Wittenberg und viele andere, die denken wie er, verkünden schon länger, dass Gottes Heil ohne Bedingungen geschenkt wird – und nicht, wie von Rom behauptet, verdient werden muss durch Fasten und Beten, durch Wallfahrten und Prozessionen, durch Stiftungen und Schenkungen und den Kauf von Ablassbriefen, wie es in den Jahrzehnten zuvor geradezu Mode geworden ist. Vor ihrem Schöpfer, sagt Luther, sind alle Getauften gleich.

Und: *sola scriptura, sola fide, sola gratia* – nur auf die Schrift, den Glauben, die Gnade Gottes sollen Menschen vertrauen. Kein Christ brauche einen Priester, um zwischen ihm und Gott zu vermitteln.

In wohl keiner anderen großen deutschen Stadt hat sich seine Lehre schneller verbreitet als hier. Daher schauen die Menschen überall im Reich nun auf Nürnberg: mit beklommener Sorge, mit gespannter Erwartung, mit heiligem Zorn. Denn Kaiser Karl V., der weltliche Schutzherr der römischen Kirche, hat angedroht, die Reichsacht über all jene zu verhängen, die es wagen, Luthers Lehren auch nur zu diskutieren.

Und wen die Acht trifft, der ist ausgeschlossen aus der Gemeinschaft, ist rechtlos, ehrlos, vogelfrei, kann straflos getötet werden von jedermann, jederzeit,

NÜRNBERG ist eine Stadt der Bücher, 40 Prozent der Menschen können lesen, Drucker gehören zu den wichtigsten Handwerkern. Sie vervielfältigen ab 1517 auch die gefährlichen Gedanken der Reformatoren

im gesamten Gebiet des Reiches. Nürnberg, die Vielbewunderte, ist dabei, sich mächtige Feinde zu machen.

°

ÜBER JAHRHUNDERTE haben katholische Könige und Kaiser die Stadt gefördert. Es sind vermutlich Herrscher aus dem Geschlecht der Salier, die um 1040 die Burg als Stützpunkt auf Sandsteinbrocken gründen, die hier aus der Ebene ragen. Die Felsen, althochdeutsch *nuorin*, geben dem Burgberg den Namen Norenberc, und der gibt ihn der Stadt.

Die ersten Handelsprivilegien, etwa Zollfreiheiten, gewähren die Monarchen Nürnberg bereits im 11. Jahrhundert, den „Großen Freiheitsbrief" von 1219 sogar ausdrücklich wegen seiner benachteiligten Lage. Die Pegnitz, die durch die Stadt fließt, ist nicht schiffbar, die Böden im Umland sind sandig und unfruchtbar. Ihr Ackerland allein kann die Stadt nicht ernähren. Doch lassen sich immer mehr Kaufleute und Handwerker zu Füßen der Burg nieder, und dank seiner Privilegien wächst der Flecken rasch zu einer mächtigen Metropole heran.

Im Jahr 1356 verfügt Kaiser Karl IV., dass jeder der von den sieben Kurfürs-

ten neu gewählten römisch-deutschen Könige seinen ersten Hoftag in Nürnberg abhalten soll. Und einer seiner Söhne vertraut den Bürgern sogar den größten Schatz des Reiches an: Weil er sie in seiner Geburtsstadt sicherer glaubt als irgendwo sonst, schickt König Siegmund 1424 die „Reichskleinodien" in einem Fass, als Fischladung getarnt, nach Nürnberg.

Seither verwahrt der Rat im Heilig-Geist-Spital am Ufer der Pegnitz jene Insignien der königlichen und kaiserlichen Macht, deren Besitz jeden Herrschaftsanspruch im Reich überhaupt erst legitimiert: die Krönungsgewänder, die edelsteingeschmückte Krone, dazu Reichsapfel, Reichsschwert und Zepter. Alles liegt verschlossen im Gewölbe über der Sakristei.

Zudem hängt der „Heiltumsschrein", der die Reliquien des Reiches birgt, an eisernen Ketten für alle sichtbar hoch oben im Chorraum über dem Hauptaltar: darin die Heilige Lanze, die ihren Träger angeblich unbesiegbar macht und in die ein Nagel vom Kreuz Christi eingearbeitet sein soll, ein Zahn von Johannes dem Täufer sowie der Armknochen der Heiligen Anna.

Wann immer ein neuer Kaiser oder König gewählt wird, lässt der Nürnberger Rat diesen Schatz auf eigene Kosten zum Ort der Krönung bringen.

Als Reichsstadt ist Nürnberg dem Kaiser ohnehin zu besonderer Treue verpflichtet. Reichsstädte unterstehen keinem Landesfürsten, sondern sind nur den römisch-deutschen Herrschern unterworfen, ein enormes Privileg. Denn ihre Vertreter nehmen an den Reichstagen teil, gemeinsam mit den übrigen

VERSCHWIEGENHEIT, Redlichkeit, Sprachkunde: Dieser Holzschnitt nennt die wichtigsten Tugenden der mächtigen Nürnberger Kaufleute und zeigt sie bei der Arbeit im Kontor und an der Waage. Fortuna aber, das flüchtige Glück, mahnt im Vordergrund zur Gottesfurcht – aller Reichtum ist vergänglich (16. Jh.)

Reichsständen: den weltlichen und geistlichen Amtsträgern, Fürsten, Grafen, Bischöfen, Äbten und Äbtissinnen. Was sie dort beschließen, das wird Gesetz.

Kaiser und Glaube, darauf gründet Nürnberg. 1425 hat der Rat beim Papst in Rom die Heiligsprechung des Stadtpatrons Sebaldus durchgesetzt. Der fromme Einsiedler, der vermutlich im 11. Jahrhundert im Reichswald nahe Nürnberg lebte, war in einer Kapelle am Rand der damaligen Siedlung bestattet worden, sein Grab entwickelte sich schnell zu einer Pilgerstätte.

Gläubige berichteten von Wunderheilungen, bewirkt durch die sterblichen Überreste von Sebaldus, und so wurde aus der Kapelle eine Kirche, die seinen Namen trägt. Längst ist die Stadt um das Heiligengrab herumgewachsen, die Pfarrkirche St. Sebald steht nun in ihrer Mitte, ein paar Schritte nur vom Rathaus und dem Hauptmarkt entfernt.

Nürnbergs Kapital aber sind die Menschen: ihre Arbeitskraft, ihr Geschäftssinn, ihr Ideenreichtum. Schon früh hat sich die Stadt auf Handel und Handwerk spezialisieren müssen, um ihr Überleben zu sichern – weil das karge Umland ja nur für wenig Landwirtschaft geeignet ist.

Hier entwickeln Handwerker den Schraubstock und wohl auch das Tretspinnrad, fertigt der Schlosser Peter Henlein die ersten zuverlässig funktionierenden Taschenuhren.

Und vor den Toren Nürnbergs lässt der Kaufmann Ulman Stromer im Jahr 1390 die erste Papiermühle nördlich der Alpen errichten, in der Lumpen zerfasert, zu Bögen geschöpft, entwässert und auf Seilen aus Pferdehaar getrocknet werden, bis Papier entsteht, welches das teure und knappe Pergament aus Tierhäuten ersetzt.

Über alle Erfindungen wacht der Rat der Stadt. So hat er die Sandmühle am nördlichen Ufer der Pegnitz für mehrere Jahre von allen Abgaben befreit, damit die Handwerker dort in Ruhe experimentieren konnten, bis sie herausgefunden hatten, wie sich die Kraft des wassergetriebenen Mühlrads am besten zum Ziehen von Draht nutzen lässt.

Die Mechanisierung des Drahtzugs ist eine Sensation. Sie bringt Nürnberg einen großen Vorteil im Wettbewerb der Städte um Waren und Märkte. Jedem, der die Geheimnisse der Nürnberger Handwerker verrät, droht daher das Zuchthaus.

Aus keiner anderen deutschen Stadt reisen so viele Kaufleute in alle Himmelsrichtungen, nach Antwerpen und Venedig, Riga und Lyon, Breslau und Lissabon. In ganz Europa sind sie vertreten.

Handwerk und Handel machen Nürnberg reich. Doch nach außen geben

EIN SCHUSTER bedient seine Kundin. Anders als in anderen deutschen Städten verwalten sich die Handwerker in Nürnberg nicht selbst in Zünften, sondern unterstehen dem Rat

EIN SCHAUFELRAD treibt dieses Hebewerk an. Zwischen Nürnberg und der Oberpfalz liegen zahlreiche Minen und Hütten. Vor allem die Patrizier der Stadt investieren in den Bergbau

sich die Häuser der Manufakturbesitzer, der Unternehmer, Kaufleute und Händler schlicht. Protz schickt sich hier nicht.

Die Häuser gleichen sich: Die Erdgeschosse lassen die Besitzer aus Sandsteinquadern mauern, die Etagen darüber meist in Fachwerk ausführen. Rot, schwarz, grau oder ockergelb gestrichen, heben sich die Holzbalken ab vom kalkweißen Grund, die Dächer sind mit roten Ziegeln gedeckt. Der einzige Fassadenschmuck, den sich die Nürnberger leisten, sind Madonnen- und Heiligenfiguren sowie steinerne oder holzgeschnitzte Erker und die Ausgestaltung der Giebel.

Die größeren Bürgerhäuser erstrecken sich über Seitenflügel, einen Innenhof und ein Hinterhaus. Dort, in den Nebengebäuden, schlafen Dienstboten, Gesellen, Lehrlinge. Die Manufakturen, für die die Stadt so berühmt ist, finden sich meist im unteren Vorderhaus, dort auch lagern die Besitzer ihre Waren oder bieten sie zum Verkauf. In den Obergeschossen wohnt die Familie des Eigners.

Reiche Bürger lassen Decken ihrer Gesellschaftsräume mit Stuck verzieren, die Wände mit Holz vertäfeln und die Zimmer mit Öfen heizen, in deren grün glasierte Kacheln die Bilder historischer und biblischer Figuren eingebrannt sind, den Menschen zur Erbauung.

„Die schottischen Könige würden wünschen, so elegant zu wohnen wie mäßig reiche Bürger Nürnbergs", schwärmt 1457 der italienische Kardinal Enea Silvio de Piccolomini, der spätere Papst Pius II., nach einem Besuch an der Pegnitz.

Die kleineren Handwerkerhäuser sind ähnlich aufgeteilt wie die großen Gebäude, auch wenn sich deren Besitzer Stuck und Anbauten nicht leisten können. Oben enge Wohnstuben mit niedrigen Decken, unten die Werkstätten.

°

HIER SITZEN TÖPFER an schweren, drehbar gelagerten Holzscheiben, die sie mit nackten Füßen antreiben, gleich bei welcher Witterung. Sie formen Krüge und Kacheln aus klebrig-feuchtem Ton.

Anderswo ziehen Kammmacher mit Bügelsägen Zinken in Schildpatt, Holz und Horn. Fräsen Paternosterer Rosenkranzperlen aus Ochsenknochen, Elfenbein und Bernstein. Färben Tuchmacher Wolle in einem der Färbhäuser der Stadt.

Aus den Blättern der Waidpflanze oder aus Kornblumenblüten gewinnen

ZWEI MÄNNER stellen Schwefel her, neben Kohle und Salpeter Hauptbestandteil von explosivem Schießpulver. Die Pulvermühlen liegen abseits der Wohnhäuser

DIE NÜRNBERGER sind stolz auf ihr Können. So hat etwa der Schlosser Peter Henlein die erste zuverlässige Taschenuhr konstruiert, auch der Schraubstock wurde hier erfunden

sie Blau, für Schwarz benötigen sie zusätzlich Gallapfel, aus Krappwurzel oder indischem Brasilholz entsteht die Farbe Rot, durch Beigabe von rostigen Eisenspänen und grünen Nussschalen Braun.

In den Schmieden steigt der scharfe Rauch der Kohlenfeuer auf, dröhnen Schläge von Metall auf Metall. Vor allem entlang der Pegnitz ist es laut. Ihren Lauf säumen Wassermühlen, deren Räder Mahlwerke für Getreide rotieren lassen, Schleifsteine für Messer antreiben und kreischende Sägeblätter.

Auch die Färber und Gerber haben dort ihre Werkstätten, weil sie große Mengen an Wasser verbrauchen und die Nachbarn sonst mit dem Gestank belästigen, den ihre Laugen, Lösungen und der benötigte Urin verbreiten. Oft dringt vom Fluss der scharfe Geruch der Lohbrühe herauf: der gemahlenen Eichen- oder Tannenrinde, die mit heißem Wasser übergossen wird und in der die schweren Häute von Rindern und Schweinen zum Gerben liegen.

Und obwohl die träge fließende Pegnitz Nürnbergs Unrat fortspült, hängt Modergeruch über dem Fluss, der Gestank der unterschiedlichen Gewerbe durchdringt weite Teile der Stadt.

Daher verschließen die Bürger oft die Fensteröffnungen ihrer Häuser. Denn die Luft, so sind sie überzeugt, ist verseucht von Ausdünstungen, die Krankheit bringen und sogar den Tod.

„Miasmen“ hat der antike Arzt Hippokrates die üblen Gerüche genannt, die aus der Erde und stehenden Gewässern aufsteigen. Seine Vorstellungen haben auch fast 2000 Jahre nach seinem Ableben in Europa nichts an Gültigkeit verloren. Atmen Menschen die Miasmen ein, so der weit verbreitete Glaube, wird ihr Körper von innen verfaulen, ist ihr Dasein verwirkt.

Wer sich also schützen will, etwa vor der Pestilenz, der schottet sein Zuhause ab gegen den Gestank von verrottenden Abfällen, Aas und Fäkalien aus nachlässig geleerten Nachttöpfen, der in den Gassen der Stadt hängt wie ein schwerer Nebel. Der erträgt den beißenden Qualm von Herdfeuern, Talgkerzen und Tranlampen in den schlecht belüfteten Räumen.

Nicht ohne Grund schöpfen die Bürger ihr Wasser aus den mehr als 100 öffentlichen Brunnen, die von Quellen am Stadtgraben und vor den Toren gespeist werden, über knapp zwei Dutzend hölzerne Wasserleitungen, die auch private und öffentliche Gebäude versorgen.

Dennoch kaufen die Menschen unbesorgt die Fische und Krebse, die Nürnberger Grünfischer mit Keschern im flachen Wasserlauf fangen.

Wie eine Mittelachse teilt die Pegnitz die Stadt in Nord und Süd, trennt Nürnberg in zwei Stadtteile und Pfarrbezirke, St. Lorenz und St. Sebald.

Im Lorenzer Teil südlich des Flusses wohnen überwiegend Dienstboten,

DER HOLZSCHNITT »Der Zeichner des liegenden Weibes« illustriert in einem Fachbuch die Kunst der Perspektive – ist aber wegen seines gewagten Sujets bald auch Nichtmalern bekannt. Sein Schöpfer, Albrecht Dürer, ist Nürnbergs bekanntester Bürger und der gefeiertste Künstler der Stadt

Handwerker, kleine Kaufleute. Am anderen Ufer, im älteren Stadtteil nahe der Burg, haben sich die Wohlhabenden niedergelassen: Ratsherren, Großkaufleute, Ärzte, Juristen, Goldschmiede.

Sechs Brücken aus Stein und sechs aus Holz verbinden die zwei Stadthälften. An beiden Ufern reihen sich je vier Viertel zwischen Mauerring und Fluss, benannt nach Märkten, Kirchen, Klöstern: Egidienviertel, Kornmarktviertel, Kartäuserviertel. Das Zentrum mit Rathaus und Hauptmarkt liegt auf der Sebalder Seite.

In der Nordwestecke des Markts sprudelt hier der Schöne Brunnen mit 40 leuchtend bunt bemalten und vergoldeten Figuren: Allegorien der freien Künste, der Evangelisten und Kirchenväter, Helden und Propheten.

Hoch über dem Brunnen und den Ständen des Hauptmarktes, auf dem jede Ware ihr Areal hat – Wildbret, Spanferkel, Fische, Krebse –, erhebt sich die Kirche zu Unserer Lieben Frau. Über dem Hauptportal thront die Figur Kaiser Karls IV., der mit der Goldenen Bulle 1356 die Wahl des römisch-deutschen Königs durch die Kurfürsten im Reich erstmals verbindlich geregelt hat.

Jeden Tag zur Mittagsstunde erleben die Menschen auf dem Platz ein mechanisches Wunderwerk. Mit dem ersten Schlag der Stundenglocke öffnen sich die beiden Türen links und rechts der vergoldeten Kupferstatue, und Figuren der sieben Kurfürsten treten hervor, ziehen dreimal um den Kaiser herum, der grüßend sein Zepter bewegt.

„Männleinlaufen" nennen die Bürger die Kunstuhr, deren mechanisches Scharren sich in das lärmende Spektakel des Marktes mischt, in die Flüche der Händler und Hökerinnen, das Münzgeklimper an den Tischen der amtlichen Wechsler, das Stimmengewirr der Kaufleute aus einem Dutzend Nationen.

Händler und Kaufleute haben *die Macht* in der Stadt

°

NÖRDLICH DES HAUPTMARKTS liegt das Rathaus. Es ist ein großer, sakral anmutender Saalbau mit zwei Seitenflügeln. Im Erdgeschoss öffnen sich Verkaufsgewölbe hinter steinernen Bögen. Im Keller ist das Gefängnis, in dem bis zu ihrer Verurteilung jene Verdächtigen einsitzen, die schwerer Verbrechen wie Verleumdung, Brandstiftung oder Totschlag beschuldigt werden.

Die Zellen sind mit Holzbohlen ausgekleidet und oft mit zwei Gefangenen belegt. In der benachbarten Folterkammer erzwingt der Henker im Auftrag des Stadtgerichts Geständnisse von all jenen, die ihre Schuld nicht von sich aus bekennen. Ein Gehilfe geht ihm zur

Hand, zwei Schöffen und ein Schreiber stehen als Zeugen bereit, wenn er mit seinen Eisenwerkzeugen hantiert.

Ein geheimer Gang verbindet das Verlies mit der Ratsstube im Obergeschoss, in der die Stadtregierung tagt. Nebenan im Hauptgebäude liegt der Große Saal, in dem die Ratsherren zu offiziellen Anlässen zusammenkommen: zu Huldigungen, Gerichtssitzungen.

Man muss den Kopf in den Nacken legen, um die Wucht des 40 Meter langen Raumes zu ermessen, in zwölf Meter Höhe über dem Boden wölbt sich die Decke an ihrem höchsten Punkt.

Mit der Ausschmückung des Saals hat die Stadtregierung vor einigen Jahren den Maler Albrecht Dürer beauftragt. Die Gehilfen des Nürnberger Künstlers arbeiten seit 1521 daran, die Wände des Raums nach seinen Vorstellungen zu gestalten. Dürer selbst entwirft, plant und begutachtet.

Eines der Fresken an der fensterlosen Nordwand des Saals zeigt Kaiser Maximilian I. in einem Triumphwagen, gezogen von zwölf Schimmeln – der vor einigen Jahren verstorbene Großvater Kaiser Karls V. war ein Freund Dürers und ein Förderer Nürnbergs.

Albrecht Dürer ist der bekannteste Bürger seiner Heimatstadt. Mit seiner Ehefrau wohnt er in einem Haus am Tiergärtnertor im Nordwesten – nicht weit von dem Gebäude in der Gasse „Unter der Veste", in dem er aufgewachsen ist, als drittes von 18 Kindern eines Goldschmieds, der einst als „herkomling" aus einem ungarischen Dorf in die Wirtschaftsmetropole Nürnberg gezogen war.

Das Viertel unterhalb der Burg, in dem die Familie damals wohnte, gehört zu den vornehmsten der Stadt. Vater Dürer stand hier als Gassenhauptmann einem Wohnbezirk von zwei Häuserblocks vor, organisierte die Feuerwehr, den Einzug wehrfähiger Bürger, die Kontrolle der Vorratshaltung. Dem Sohn hat die Stadt ein noch höher angesehenes Ehrenamt angetragen: Seit 1509 ist er Mitglied des „Größeren Rats".

Zu diesem Gremium gehören gut 260 Kaufleute und Händler, Beamte, Ärzte und Rechtsgelehrte, Handwerksmeister und Künstler – alle erfolgreich und geachtet. Doch der Größere Rat wird nur selten einberufen, und dann meist, um die gewichtigsten Beschlüsse der Stadtregierung zu bestätigen. Beeinflussen kann er sie kaum.

Alle politischen und juristischen Entscheidungen fällt der 42-köpfige „Innere Rat", der jedes Jahr nach Ostern neu gewählt wird und in der kleinen Ratsstube zusammentritt.

Die eigentliche Machtzentrale aber ist die Regimentsstube. Hier berät der engste Kreis des Inneren Rats, treffen sich die sieben Älteren Herren des „Septemvirats", von denen drei die Führungsspitze Nürnbergs bilden. Zwei dieser Triumvirn verwalten die Finanzen, zu dritt stehen sie der Justiz und Verwaltung der Stadt und ihres Landgebiets vor.

42 Patrizierfamilien gibt es in Nürnberg, und 34 der 42 Mitglieder des

NEBEN LATEINSCHULEN wie dieser gibt es in Nürnberg auch zahlreiche Privatschulen. Besonders die Rechenmeister der Stadt genießen einen guten Ruf und unterrichten bisweilen neben Mathematik auch Buchführung

Inneren Rats stammen aus ihren Reihen. Die übrigen acht Posten besetzen „Ratsfreunde vom Handwerk", die aus den angesehensten Gewerben stammen: je ein Goldschmied, Kürschner, Rotbierbrauer, Rindsmetzger, Tuchmacher, Bäcker, Schneider und Rotgerber.

Ihre Aufnahme ins Stadtregiment war ein Kompromiss, den die führenden Bürgerfamilien eingehen mussten. Denn 1348 hatten Handwerker gemeinsam mit Ratsmitgliedern und wohlhabenden Fernhändlern in einem Aufstand die Herrschaft in Nürnberg an sich gerissen, nur mit der Hilfe Karls IV. konnten die Patrizier die Rebellion niederschlagen.

Die Ratsplätze, welche die Stadtregierung den Vertretern der Gewerbe daraufhin zugestanden hat, um weitere Unruhen zu verhindern, sind jedoch rein symbolisch. Nur auf besondere Einladung dürfen die Ratsherren aus dem Handwerk an Sitzungen teilnehmen. Echten Einfluss sowie Stimmrecht oder Ämter gewährt man ihnen nicht.

Auch selbst verwaltete Zünfte, in denen sich Handwerker in anderen Reichsstädten organisieren, gibt es in Nürnberg nicht. Hier regelt das Rugamt als städtische Aufsichtsbehörde die Angelegenheiten der Gewerbe, erstellt Handwerksordnungen, überwacht deren Einhaltung, verleiht Meisterrechte, bestimmt nach Bedarf und Konjunktur die Zahl der zugelassenen Handwerker, Lehrjungen und Gesellen.

Nürnbergs Takt ist der Akkord. Viele Meister beschäftigen Stückwerker – ausgebildete Fachleute, denen das Kapital fehlt, um einen eigenen Betrieb zu gründen, oder Männer, die wegen der Zugangsbeschränkungen des Rugamts keine feste Stelle als Meister oder Geselle gefunden haben. Ihr Arbeitgeber bezahlt sie nicht tageweise, sondern nach Stücklohn.

Längst sind viele Werkstätten Zulieferbetriebe, finanziell abhängig von Unternehmern, die sich auskennen auf dem Markt, den Absatz organisieren, Bestellungen aufgeben, Lohn vorauszahlen, Rohstoffe beschaffen. Die von ihnen mit Aufträgen versehenen Handwerker fertigen solide Massenware, meist bestimmt für den Export – Löffel, Messer, Nadeln, Scheren, Waffen.

In Nürnberg ist Betteln verboten, ein städtisches Amt versorgt die Armen

°

FÜR FAST JEDES PRODUKT gibt es in Nürnberg einen eigenen Berufszweig. Metall etwa verarbeiten Fingerhüter und Feilenschmiede, Schellenmacher und Nagler, insgesamt 59 verschiedene Spezialisten. Sie alle wissen Metall in jede Form zu bringen, durch Drahtziehen, durch Gießen, Schmieden, Löten. Die Metallwaren der Stadt sind nahezu konkurrenzlos auf dem Kontinent.

Die Kaufleute, die Nürnbergs Produkte hinaus in die Welt tragen, betreiben ihr Geschäft meist als Familiengesellschaft, mit dem Senior an der Spitze und Verwandten in anderen Städten. Ihre Söhne schicken sie in die Lehre nach Italien, Südfrankreich oder Polen, wo sie in den Handelszentren, in denen die Nürnberger häufig auch Stützpunkte unterhalten, Buchhaltung sowie die Sprache lernen, bevor sie in das Unternehmen der Familie eintreten oder in das eines Geschäftsfreunds.

Die Händler versorgen die Bürger mit Getreide, Fleisch, Salz, Wein, Seidenwaren, Pelzen sowie Parfüms aus Weihrauch, Sandelholz und Balsamkraut – und die Handwerker mit Silber, Kupfer und Eisen aus Hütten und Bergwerken in Sachsen, Böhmen oder Tirol, an denen viele Nürnberger beteiligt sind.

Das wichtigste Ziel ist Italien. Zwölf bis 15 Tage braucht ein Reiter bis nach Venedig, ein Fuhrwerk ungleich länger, besonders im Winter, wenn Schnee und Eis den Weg über die Alpen erschweren. Von Zollamt zu Zollamt, von Umschlagplatz zu Umschlagplatz schleppen sich die Züge, bewacht von bewaffneten Mannschaften. Die Fernhandelswege führen durch unzählige kleinere und größere Hoheitsgebiete, in die Europa aufgesplittert ist.

Die Straßen sind unsicher, oft überfallen Diebesbanden und Raubritter die Wagen der Kaufleute aus dem Hinterhalt, plündern sie aus, ermorden, wer ihnen in den Weg tritt, oder nehmen Geiseln, um Lösegeld zu erpressen.

Doch all diesen Mühen und Gefahren zum Trotz haben es viele Nürnberger Familien mit dem Fernhandel zu Reichtum gebracht. Tuch aus den Niederlanden, Federn und Rosshaare aus Böhmen, Pelze von Hermelin, Zobel, Luchsen und weißen Füchsen aus Russland werden über Nürnberg nach Italien geliefert. Aus Venedig bringen die Kaufleute Konfitüren und Muskatellerwein in den Norden, schwarzen Pfeffer aus Indien, Zimt aus Ceylon, Ingwer aus Sansibar.

Sie verdienen ihr Geld mit Korallen, mit Perlen und Edelsteinen aus dem Orient, mit Bernstein, Honig, Wachs und Heringen aus dem Ostseeraum.

MIT EINEM AUSGEKLÜGELTEN System pumpen Arbeiter Wasser aus einer Mine. Sie liefert den Rohstoff für Nürnbergs wichtigsten Handwerkszweig: Kaum eine europäische Stadt bietet bessere Metallwaren an

Im Handel mit Safran aus Italien, Frankreich und Spanien halten sie sogar das Monopol. Nürnberg ist Europas wichtigster Umschlagplatz für das teure Gewürz, dessen gelbe Farbwirkung und süßlich-herber Geschmack begehrt sind an den Tafeln der Reichen und Mächtigen und das zudem in der Heilkunde und zum Färben von Seide und Leinen verwendet wird. Für ein Kilogramm Safranfäden, gewonnen aus den Stempelfäden spezieller Krokusse, muss ein Pflücker 150 000 Blüten ernten.

Da oft Fälschungen angeboten werden, mit Blüten anderer Pflanzen, hat der Rat für die begehrte Ware eine Qualitätskontrolle eingerichtet, der auch andere Importgüter sowie Nürnbergs eigene Erzeugnisse unterzogen werden.

Im Waaggebäude in der Nähe des Hauptmarkts, wo importierte Waren gewogen und verzollt werden, kontrollieren die vom Rat bestellten Safranschauer, ob das in Ballen gestapelte Gewürz das städtische Gütesiegel verdient. Sie atmen den bittersüßen Duft ein, reiben die dünnen Fäden zwischen den spitzen Fingern.

Der Rat betreibt enormen Aufwand, um Nürnbergs Ruf und Platz in der Handelshierarchie zu schützen. Das ist ganz besonders wichtig in diesen Jahren, in denen die Welt immer größer zu werden scheint. Und auch daran, an den Entdeckungen des 15. und 16. Jahrhunderts, hat Nürnberg, die Stadt der Tüftler und Erfinder, großen Anteil.

Denn von den portugiesischen und spanischen Seefahrern führen viele auf ihren Schiffen Geräte mit, die Feinmechaniker an der Pegnitz unter strengen Qualitätsvorgaben gefertigt haben, etwa Kompasse, Reise-Sonnenuhren und Globen sowie Astrolabien und Quadranten, mit denen sich die Position des Schiffes berechnen lässt.

Mit den Instrumenten, die Nürnbergs Handelshäuser auf die Iberische Halbinsel gebracht haben, entdeckt Pedro Álvares Cabral im Jahr 1500 Brasilien. 1505 bricht Francisco de Almeida nach Indien auf, eine Fahrt, die Nürnberger Handelshäuser mit ausgerüstet haben, um zu profitieren von den Schätzen aus den neu erschlossenen Regionen. Und Nürnberger Instrumente sind es, mit deren Hilfe ein Schiff aus der Flotte des Kapitäns Ferdinand Magellan von 1519 bis 1522 die Welt umsegelt.

Vor allem Nürnbergs weltgewandte Kaufleute stellen die Oberschicht der Handelskapitale. Anders als andere große Städte des Reiches wie Augsburg oder Ulm gliedert Nürnberg seine Gesellschaft nicht in drei, sondern in fünf Stände auf.

Die städtische Aristokratie des ersten Standes bilden die 20 ältesten Familien wie die Pfinzings, Ebners und Nützels. Sie stammen oft von kaiserlichen Beamten ab, die in den Anfangsjahren der Stadt unterhalb der Burg siedelten und sich eigene Herrensitze bauten.

Daneben zählen sieben neuere Clans wie die Familien Paumgartner, Imhoff und Kress zum Nürnberger Patriziat sowie weitere 15 Familien, die in den vergangenen Jahrzehnten in die Reihen des Stadtadels aufgerückt sind.

Im Jahr 1521 hat der Rat endgültig festgeschrieben, wer in seinem Machtbereich zur Aristokratie gehört. „Tanzstatut" heißt der Erlass, eine Liste der insgesamt 42 vornehmsten Geschlechter, die die Geschicke der Stadt bestimmen und seither allein zu Tanzfesten auf dem Rathaus zugelassen sind.

Den zweiten Stand stellen die übrigen ehrbaren Familien der Großkaufleute und Gelehrten, die man zu Mitgliedern des Größeren Rats berufen hat; den dritten weitere Kauf- und Handelsleute des Größeren sowie die acht Handwerkerherren des Inneren Rats; den vierten Kleinhändler und Handwerker des Größeren Rats – und den fünften die restlichen Einwohner der Stadt.

Am Rande der Gesellschaft stehen diejenigen Einwohner Nürnbergs, deren Berufe als „unehrlich" gelten – etwa die Betreiber der 13 Badehäuser, in denen Bürger, deren Häuser nicht über so eine Einrichtung verfügen, ihr wöchentliches Bad in Eichenfässern nehmen.

Zu der Gruppe der Unehrlichen gehören darüber hinaus die Totengräber des Friedhofs St. Johannis wie auch die Hundsschläger, die streunende Hunde einfangen und töten – und die Pappenheimer: jene Stadtknechte, die nachts mit ihren Pferdekarren durch die Straßen ziehen und die Abortgruben reinigen, um den Inhalt in die Pegnitz zu entleeren oder als Dünger an die Bauern im Umland zu verkaufen.

Im Turm am Henkersteg über dem Stadtfluss wohnt der Scharfrichter, der an Strafen vollstreckt, was immer die zu Gericht sitzenden Ratsherren für angemessen befinden. Der auspeitscht und

RASCH breiten sich die Ideen des Reformators Martin Luther in Nürnberg aus, und damit auch die Kritik am Ablasshandel. Mit Drucken wie diesem – Männer kaufen sich an einem Tisch von ihren Sünden frei, während ein Mönch unter päpstlichem Wappen vom Sündenerlass predigt – kämpfen die Protestanten gegen den Handel mit dem Seelenheil

aufhängt, Hände abschlägt und Ohren abschneidet, köpft, ertränkt und brandmarkt. Und der das Fett, das er aus den Leichen der Hingerichteten gewinnt, als „Armsünderfett“ verkauft – Grundlage für kostbare Salben, die gegen Zahn- und Knochenschmerzen helfen sollen und gegen die Gicht.

MITTEN IN DER STADT leben die Prostituierten. Etwa 20 von ihnen arbeiten im Frauenhaus beim Kornmarkt auf der Lorenzer Flussseite. Zwischen zwei und fünf Pfennig kosten ihre Dienste tagsüber, zehn bis 15 Pfennig, wenn der Freier in ihrer Kammer übernachtet. Alle anderen Männer setzt der Wirt des Hauses zur Sperrstunde 60 Minuten vor Mitternacht vor die Tür. Mit einem Pfennig pro „leibliches Werk“ sowie drei Pfennig „Schlafgeld“ ist er am Umsatz beteiligt; auch für Verpflegung, ein wöchentliches Bad, Kammer und Bettzeug lässt er sich bezahlen.

Priester, Kleriker und Ehemänner darf er nicht zu „sündlichen Werken“ in seinen Räumen dulden, aber mit dieser Auflage nimmt er es nicht genau. Selbst Fürsten sind bisweilen bei ihm zu Gast.

Die meisten Kunden allerdings sind unverheiratete Handwerksgesellen, die für eine Nacht mit einer käuflichen Frau einen Großteil ihres Tageslohns von 16 bis 20 Pfennig ausgeben müssen.

Obwohl der Rat die Arbeit der Frauen ordnet wie jede andere, versucht er zugleich, sie zu ehrbaren Bewohnerinnen der Stadt zu machen: Wer sich als Zugewanderter niederlassen will und sich das Bürgerrecht nicht leisten kann, bekommt es geschenkt, wenn er eine Prostituierte heiratet.

Mit den sorgfältig gezogenen Standesgrenzen wollen die Patrizier auf den ersten Blick deutlich machen, wo jeder Bürger in der Rangordnung einzusortieren ist. Sogar Kleidervorschriften hat der Rat verabschiedet, um die aufstrebende

IN FOLTERKAMMERN pressen die Henker ihren Gefangenen Geständnisse ab, etwa auf der Streckbank. In Nürnberg liegt dieser Raum im Keller des Rathauses, neben den Zellen des Gefängnisses. Ein Geheimgang verbindet das Verlies mit der Ratsstube

Mittelschicht in ihre Schranken zu weisen, deren Mitglieder ihren neu gewonnenen Reichtum gern offen zur Schau tragen. So dürfen nur Patrizierinnen ihre Bekleidung oberhalb der Gürtellinie mit einer halben Elle Samt verbrämen lassen – Ehefrauen und Töchtern von Handwerkern steht die gleiche Menge für ihre gesamte Kleidung zu.

Allein Frauen der ersten beiden Stände ist es gestattet, jenen Lederbeutel kostbar besticken und verzieren zu lassen, den jede Bürgersfrau neben dem Schlüsselbund, dem Messer oder Essbesteck als Zeichen ihrer Stellung in Haushalt und Geschäft am Gürtel trägt.

Und ausschließlich Patriziern sind schwere Goldketten erlaubt, die, um allzu große Verschwendungssucht einzudämmen, höchstens 50 Gulden kosten dürfen, das durchschnittliche Jahreseinkommen eines Stadtarztes. Denn auch wenn viele Kaufleute und selbst manche Handwerker aus niederen Ständen längst ebenso große Vermögen wie der Stadtadel angehäuft haben und zum Kauf stehende Patrizierhäuser im Schatten der Burg erwerben: Als ebenbürtig akzeptiert man die Neureichen nicht.

So sorgfältig die städtische Aristokratie auch auf Distanz zu den anderen Ständen achtet, so offen unterstützt sie die Armen – nicht zuletzt aus Sorge um das eigene Seelenheil. Die Almosen, die die Patrizier an Bedürftige verteilen, sichern ihnen als Gegenleistung deren Gebete. Stiftungen unterstützen Kranke und Alte, verarmte Lateinschüler, Handwerker und Dienstmägde.

Zwei „Zwölfbrüderhäuser“ versorgen in Anlehnung an die Zahl der Apostel je ein Dutzend alter Männer, die sich nicht mehr von ihrer Hände Arbeit ernähren können. Einheitlich gekleidet in eine Tracht aus dunkler Kutte und Kapuzenmantel, vergelten sie Unterkunft und Verpflegung mit Fürbitten für die Angehörigen der Stifterfamilien und die Mitglieder des Rats.

Das Betteln in den Gassen hat der Rat verboten und stattdessen ein eigenes Almosenamt gegründet und die Klin-

Vom Ab
laß
Papst Leo d X.
Rom

MIT SEINEN THESEN bedroht Luther das Machtgefüge in Europa: Auf diesem Holzschnitt durchbohrt seine Feder einen in Rom liegenden Löwen und bringt die dreifache Krone des Papstes zum Wanken, während die deutschen Reichsfürsten ohnmächtig danebenstehen. Trotzdem wagt es der Nürnberger Rat im März 1525, einen Übertritt der Stadt zum neuen Glauben offen zu diskutieren

gelbeutel-Kollekte im Gottesdienst eingeführt. Für 500 Arme kommt die städtische Fürsorge auf, bis zu 5000 weitere Bedürftige werden teilweise unterstützt, in Krisenzeiten lässt die Stadt Brot an bis zu 15 000 Menschen ausgeben.

All das dient nicht nur dem Heil der Seele, sondern ist auch politisches Kalkül. Denn wären die Kornhäuser weniger gut gefüllt und wäre die städtische Fürsorge weniger großzügig und der Rat nicht bereit, die Belastung durch Steuern und Abgaben erträglich zu halten, dann würden sich Nürnbergs Bürger vermutlich kaum so bereitwillig in die strenge Gesellschaftsordnung, die politische Alleinherrschaft des Stadtadels und die allumfassende Bevormundung durch die Ratsherren fügen.

Das gilt auch für die Handwerker. Sie haben sich seit dem Aufstand von 1348 mit dem Adel arrangiert. Umgekehrt sorgen die Patrizier des Inneren Rates dafür, dass ihre Politik keinen Anlass zur Unzufriedenheit gibt, nicht bei den Handwerkern und nicht bei den rangniedrigsten Schichten der Dienstboten, Tagelöhner oder Bader.

Kurzum: Nürnbergs Ordnung steht nach außen fest und verlässlich.

°

SEIT EINIGER ZEIT ABER ist ein Wandel zu spüren in manchen der vornehmen Häuser unterhalb der Burg. Die neuen Ideen des Humanismus, die in Italien aufgekommen sind, haben den Weg in die Reichsstadt gefunden – verbreitet auch durch jene Söhne aus den wohlha-

Nürnberg ist die erste Reichsstadt, die sich offiziell zu Luther bekennt

benden Familien der Stadt, die zur Ausbildung an die berühmten Universitäten oder in die mächtigen Geschäftszentren des Südens geschickt worden sind.

Die Anhänger des Humanismus rücken den Menschen in den Mittelpunkt, betonen seine Würde, seinen Verstand, seine gestalterische Kraft. Zugleich begeistern sie sich für die Antike und deren Bildungsideal, sie lernen Latein und Griechisch, studieren die Traktate der Geistesgrößen des Altertums, fordern die Rückkehr zu den Quellen allen Wissens.

Die Humanisten glauben an ein neues Zeitalter, errichtet auf den Fundamenten der Antike. Sie feiern das Ideal eines freien Christenmenschen, der auf der Grundlage umfassender Bildung seine Persönlichkeit entfaltet, der nicht sein ganzes Hoffen und Streben auf das Jenseits richtet. Ihr Ziel ist nicht mehr und nicht weniger als die Vervollkommnung des Menschen. Und sie lösen sich immer mehr von den traditionellen Autoritäten, von Klerus und Feudalherren.

Der Humanismus ist eine Bewegung der Gebildeten. Aber auch in den anderen Schichten wächst die Entfremdung von der Kirche, die den Hunger der Menschen nach Trost und Beistand im diesseitigen sowie nach Hoffnung auf Gnade im jenseitigen Leben immer weniger stillen kann.

Längst mehren sich auch in Kirchenkreisen Forderungen nach Reformen, denen sich die Kurie in Rom aber entschieden widersetzt: aus Angst, abgeben zu müssen von ihrer Macht und ihren Pfründen. Einer dieser Männer, die ihre kritische Stimme erheben, ist der Theologe Johannes von Staupitz, der Beichtvater des Mönchs Martin Luther.

Staupitz predigt im Herbst 1512 zum ersten Mal in der Kirche des Nürnberger Augustinerkonvents nahe dem Weinmarkt. Seine Worte finden Gehör. Als er später wieder dort zu Gast ist, kann die Klosterkirche die Zahl der Zuhörer kaum fassen. Denn er droht nicht mit Gottes Gericht wie die römische Kirche, er fordert von seinen Zuhörern zur Vergebung der Sünden nichts außer einem reumütigen Herzen, und er predigt die ewige, allumfassende Barmherzigkeit Gottes.

Angesehene Bürger suchen das Gespräch mit ihm, darunter Ratsherren, Juristen und auch Albrecht Dürer. Die Gedanken des Theologen begeistern die Männer so sehr, dass sie einen Freundeskreis in seinem Namen gründen, die „Sodalitas Staupitziana“.

Aber niemand kann die Forderungen nach Reformen so überzeugend vortragen und jeden Gläubigen und sein Seelenheil dabei so sehr in den Mittelpunkt rücken wie Martin Luther, der seinem Beichtvater 1512 auf den Lehrstuhl für Bibelauslegung an der Universität Wittenberg gefolgt ist. Jener Theologe, der eine neue Kirche begründen wird, ohne es zu wissen und zu wollen.

Im Herbst 1517 formuliert Luther die Glaubenssätze, die ihn berühmt machen werden: 95 Thesen, in denen er sich gegen eine Kurie auflehnt, die der Verschwendungssucht erlegen ist, gegen eine Kirche, in der Ämter so käuflich geworden sind wie die Vergebung der Sünden – und in der die Gnade Gottes einen Preis hat, Frömmigkeit an der Höhe der Spenden gemessen wird.

Dieser Ablasshandel ist für Luther nur die sichtbarste von vielen Verfehlungen und falschen Lehren der Kirche. Aber für Menschen, die es gewohnt sind, sich ihr Seelenheil und den Ausweg aus dem Fegefeuer teuer zu erkaufen, bedeutet gerade der Verzicht auf den kirchlichen Sündenerlass ungeheure Befreiung.

Erlösung, lehrt dagegen Luther, bringt nur der Glaube, nicht das gute Werk, das die Kirche fordert. Und: Grundlage für die Lehre der Kirche muss allein das Evangelium sein – das unverfälschte Wort Gottes, nicht der Ablasshandel oder die Verdienste der Heiligen.

Kaum zwei Monate nach ihrer Veröffentlichung erscheinen Luthers Thesen in Nürnberg als Druckschrift. Der Ratsherr Kaspar Nützel hat sie aus dem Lateinischen ins Deutsche übersetzt, der Jurist Christoph Scheurl verbreitet sie.

Als Luther 1518 im Augustinerkloster beim Weinmarkt Station macht, auf seiner Reise zum Reichstag in Augsburg, wo er vom Botschafter des Papstes verhört werden soll, treffen sich die Staupnitz-Anhänger mit ihm und benennen danach tief beeindruckt ihre Gesellschaft in „Sodalitas Martiniana“ um.

Als erste Bürger der Reichsstadt bekennen sie sich damit offen zu Luther und seinen Lehren. Binnen weniger Jahre wächst danach in Nürnberg eine evangelische Bewegung heran.

Dass sich Luthers Gedanken so schnell verbreiten, liegt auch an den einzigartigen Bedingungen in der Stadt. Der Buchdruck mit beweglichen Lettern gehört zu den wichtigsten Handwerken Nürnbergs.

Eine Druckerei, die der 1513 verstorbene Anton Koberger hier gegründet hat, ist zeitweise eine der leistungsfähigsten in Europa, mit 14 Niederlassungen in Städten wie Prag, Wien, Mailand und Paris. Mehr als 100 Menschen produzieren zu den besten Zeiten der Koberger Verlagsanstalt massenhaft Druckwerke, die als lose Papierbögen, packenweise in Fässer gestapelt, in alle Welt exportiert werden.

Nürnberg, die Bücherstadt, ist auch eine Stadt der Leser. Wohl 40 Prozent der Bevölkerung haben in den Lateinschulen der Kirchen sowie den Privatschulen der Schreib- und Rechenmeister lesen gelernt – kaum eine Stadt im Reich hat ein ähnliches Bildungsniveau (und abseits der großen Städte kann nicht einmal jeder 20. Deutsche lesen).

Im Frühjahr 1521 tritt Luther auf dem Reichstag in Worms persönlich Kaiser Karl V. gegenüber. Der erwartet von ihm, dass er seine Thesen widerruft. Luther aber bleibt standhaft – eine Weigerung, die ihm den Tod bringen könnte: Denn der Kaiser belegt ihn noch in Worms als Ketzer mit der Reichsacht.

Doch Luther hat mächtige Freunde, und so kann er sich unter dem Schutz des sächsischen Kurfürsten auf der Wartburg bei Eisenach verstecken. Während er dort an einer Bibelübersetzung arbeitet, schickt sich der Nürnberger Rat an, sich unabhängiger zu machen vom Einfluss der römischen Kirche.

Andere Stadt- und Landesherren verfolgen ein ähnliches Ziel, sie wollen bereits seit Längerem die Macht des Klerus in ihren Territorien beschränken. Allein schon deshalb sind viele Große im Reich den Lehren Luthers nicht abgeneigt.

Der Nürnberger Rat besetzt die wichtigsten, in dieser Zeit frei werdenden geistlichen Ämter nun mit Männern, die im Sinne Luthers predigen.

Dies ist ein Affront gegen den Bischof von Bamberg, zu dessen Bistum Nürnberg gehört. Früher oblag ihm die Entscheidung, wer in den Kirchen der Stadt predigt, doch mittlerweile hat sich Nürnberg das Recht erkämpft, seine Pröbste selbst zu bestimmen.

Der Rat weiß aber auch, dass er vorsichtig handeln muss. Denn die Metropole, die Schatzkammer des Reiches, will um keinen Preis den Zorn des Kaisers oder des Papstes auf sich ziehen. Daher achten die Ratsmitglieder genau darauf, dass jenseits der Predigten nicht allzu deutlich wird, wie Luthers Anhänger allmählich die Meinungsführerschaft an der Pegnitz übernehmen.

Anfang 1523 lässt die Stadtregierung am Rathaus und an den Türen der Kirchen Bekanntmachungen anschlagen – Warnungen an alle Bürger, die Vertreter der römischen Kirche nicht mit Worten oder durch Taten zu schmähen, wie es zuvor immer wieder geschehen ist.

Bei den Buchverkäufern lässt der Rat Drucke von Spottliedern und Schmähschriften gegen die römische Kirche beschlagnahmen. Die Stadtknechte weist er an, jeden ins Gefängnis zu stecken, der nachts in den dunklen Gassen der Stadt unzüchtige Lieder von Mönchen, Pfaffen und Nonnen singt.

°

NACH UND NACH begeistern sich immer größere Teile der Bevölkerung für den neuen Glauben. Flugblätter werben für Luthers Schriften. Der Schuhmachermeister Hans Sachs, der zum Kreis der Nürnberger Meistersinger gehört – jener kunstinteressierten Handwerker, die sich im Liederdichten üben und in Konzerten im Heilig-Geist-Spital im Gesangswettstreit messen –, veröffentlicht im Juli 1523 ein Gedicht, das ihn reichsweit bekannt macht und Luther einen Beinamen einbringt: „Die Wittenbergisch Nachtigall". Denn die Nachtigall, so Sachs, wecke mit heller Stimme die schlafenden Menschen aus der Finsternis der römischen Verführung.

Bald predigen fünf der zehn Geistlichen der Stadt von den Kanzeln der Kirchen die neuen Glaubenssätze. Auf jeden altgläubigen Bürger der Stadt kommen nun 20, so schätzen zeitgenössische Juristen, die sich der lutherischen Bewegung angeschlossen haben.

Und was in Nürnberg die Massen bewegt, ist inzwischen längst überall im Reich zum Streitfall geworden. Daher wollen die Landesherren sowie kirchlichen Würdenträger und die Vertreter der Reichsstädte im Herbst 1524 in einer Versammlung aller Reichsstände über die Religionsfrage beraten. Aber der Kaiser, der sich gerade in Spanien aufhält, verbietet die Zusammenkunft.

Dabei brauchen viele Fürsten und Stadtregierungen eine Entscheidung. Vielerorts gären Wut und Hass gegen den Klerus und richten sich immer häufiger auch gegen weltliche Herrscher.

Weite Teile der Bevölkerung unterscheiden nicht, wie Luther, zwischen zwei Reichen, zwischen dies- und jenseitiger Macht: Die Menschen sehen sich jetzt nur noch Gott untertan, einer weltlichen Obrigkeit fühlen sie sich nicht länger verpflichtet. Sie wollen ihr Leben an den Geboten der Bibel ausrichten. Die Vorschriften, die ihnen Menschen machen, lehnen sie ab: Sagt der Reformator nicht, vor Gott seien alle Menschen gleich?

Die breite Volksbewegung, zu der Luthers Anhängerschaft in Nürnberg angewachsen ist, macht die Ratsherren zu Getriebenen. Ende 1524 beschließen sie daher, den Glaubensstreit in ihrem Machtgebiet ein für alle Mal zu klären. Ein Religionsgespräch soll offiziell entscheiden, welche Lehre künftig in den Kirchen Nürnbergs gepredigt wird: die Roms oder die der Lutheraner.

Es soll eine christliche Diskussion sein unter den Geistlichen der Metropole – friedlich, brüderlich, auf Vergleich bedacht, geleitet und bezeugt von den Herren des Stadtregiments.

Der Rat lädt Nürnbergs Prediger ein, „sich miteinander freundlich zu unterreden, guter Hoffnung, sie möchten sich durch Schickung Gottes vergleichen". Sechs Sitzungen werden angesetzt, in denen beide Seiten ihre Glaubensauffassung darlegen sollen.

Der Innere Rat selbst sieht seinen Platz beim Gespräch im Hintergrund. Denn die Stadtherren wollen um jeden Preis den Anschein vermeiden, ihr Urteil diktiere die Lehre in Nürnbergs Kirchen. Sie laden daher alle Mitglieder des Größeren Rats in den Rathaussaal: ein paar Hundert Männer, die stellvertretend für Nürnbergs 40 000 Einwohner das Gespräch als Zuhörer verfolgen sollen.

Zu Vorsitzenden der Versammlung bestimmen sie den Benediktinerabt Friedrich Pistorius sowie die evangelisch gesinnten Pröpste Hektor Pömer und Georg Pesler, die den Kirchen St. Sebald und St. Lorenz vorstehen.

Zum Leiter des Gesprächs erwählen sie den Ratskonsulenten Christoph Scheurl, einen weltgewandten, gebildeten Mann von Anfang 40, Sohn einer der reichsten Handelsfamilien der Stadt und Doktor der Rechtswissenschaften.

Als er am 3. März 1525 im Rathaus seine Eröffnungsrede hält vor den versammelten Geistlichen, Ratsherren und Genannten, tobt unten vor dem Eingang der Mob. Man solle die Mönche zum Fenster hinauswerfen, brüllt die Menge: Man wisse schon, wie man mit ihnen zu disputieren habe! Doch alle Wut, alle Verachtung, mit der die Menschen ihre Forderungen herausschreien, können das Verfahren, das über ihren Köpfen seinen Gang nimmt, nicht ins Stocken bringen.

Wortgewaltig erklärt Scheurl den Anwesenden im Saal, dass es nur einen Richter geben werde am Ende dieses Gesprächs: Keine der traditionellen Autoritäten sei dazu berufen, sondern allein die Heilige Schrift. Mit den Worten des Evangeliums sollen die Prediger ihre Glaubensauffassung begründen und belegen. Nur auf der Grundlage der Schrift solle am Ende entschieden werden, welche Seite den rechten Glauben vertritt. Kein anderer Richter außer ihr sei notwendig.

Damit sind die Vertreter der Reformation von Anfang an im Vorteil, denn mit dem Schriftprinzip lässt sich die römische Kirche schwerlich verteidigen.

Mühsam, in Rede und Gegenrede, Argument um Argument vergeht die zweite Sitzung am 5. März. Um das langwierige Verfahren abzukürzen, muss die Mehrheit der Beteiligten von der dritten Sitzung an schweigen. Jeweils ein gewählter Sprecher trägt nun die Auffassung einer der beiden Seiten vor, direkte Antworten auf Aussagen der Gegenpartei sind nicht mehr erwünscht.

Hinter den Spitzbogenfenstern im ersten Stock des Rathauses ist die Debatte in den folgenden Tagen erfüllt von heiligem Ernst. Streng abwechselnd werden die Sprecher der beiden Seiten befragt, jedes ihrer Worte von Schreibern protokolliert.

Auf den Sitzungen am 7., 9. und 11. März spricht Andreas Osiander für die evangelische Seite, Prediger in der Kirche St. Lorenz, ein junger Mann, 26 Jahre alt. Für die Altgläubigen tritt Lienhard Ebner auf, Prediger am Franziskanerkloster.

Unversöhnlich ringen die beiden Parteien Stunde um Stunde um das wahre Evangelium, um Sünde und Gesetz, um Taufe, Priesterehe und die Wiedervermählung unschuldig Geschiedener.

Kurz: um Gott und Gerechtigkeit.

Heute nun, in der Sitzung vom 14. März, sollen beide Seiten die letzte Möglichkeit erhalten, vermeintliche Beweislücken im Vortrag des Gegners aufzuzeigen.

Aber zu dieser sechsten Sitzung im Rathaussaal erscheinen die Vertreter der römischen Kirche nicht mehr. Schriftlich haben sie kurz vor Beginn abgesagt, da es ihrer Meinung nach bei dieser Auseinandersetzung keinen unparteiischen Richter gebe.

Denn wie sehr der Rat auch betonen mag, dass der Sieg im Glaubensstreit demjenigen zugesprochen werden soll, der seine Auffassung besser mit den Worten der Bibel begründen kann – die altgläubigen Geistlichen ahnen vermutlich, dass die Ratsherren am Ende nicht im Sinne der katholischen Kirche entscheiden werden und sich nur eine Legitimation verschaffen wollen für den Schritt, den sie wohl ohnehin vorhatten.

Da sich die Anhänger Roms der Auseinandersetzung entziehen, hat die Stadtregierung nun freie Hand: Statt auf spitzfindige theologische Argumente zu setzen, kann sie auf den Diskussionsboykott der Prediger verweisen, um das Gespräch zu dem gewünschten Ergebnis zu bringen.

Ein letztes Mal darf Andreas Osiander im Großen Rathaussaal für die evangelische Seite reden. Nach zwei Stunden lässt der Rat die Veranstaltung schließen und erklärt, man werde überlegen, was weiter zu tun sei.

Drei Tage später verkündet das Stadtregiment seinen Beschluss, gefasst mit großer Mehrheit: In allen Kirchen der Stadt soll fortan im Sinne Luthers gepredigt und der evangelische Gottesdienst gefeiert werden. Den Orden der Dominikaner, Franziskaner und Karmeliter aber sind Predigt und Seelsorge in Nürnberg ab sofort verboten.

Denn für zu zerbrechlich hält der Rat das Nebeneinander der konkurrierenden Konfessionen, um auf ein friedliches Zusammenleben zu vertrauen. Wenn in Nürnberg weiter alles seine Ordnung haben soll, muss eine der beiden Glaubensrichtungen weichen, müssen sich seine Bürger geschlossen hinter einer Lehre versammeln – und zwar der lutherischen. Zumindest aus dem öffentlichen Leben will der Rat den alten Glauben verbannen. (Dieses Beispiel wird später Schule machen im Reich.)

Zugleich erhebt sich der Rat über die Kirchen und den Klerus: Er allein diktiert künftig, welche Feiertage zu begehen sind, und macht aus Geistlichen gewöhnliche Bürger mit allen Rechten und Pflichten. Wer das nicht akzeptieren will, muss die Stadt verlassen.

EIN RELIGIONSSTREIT droht das Reich Karls V. zu zerreißen, denn die römische Kirche wird von den Reformatoren scharf angegriffen. Der altgläubige Kaiser versucht, die neue Lehre mit Drohungen aufzuhalten

Das ist revolutionär, denn fortan gewährt Nürnberg den Vertretern der Kirche nicht mehr jenen Sonderstatus, der ihnen über Jahrhunderte zur Selbstverständlichkeit geworden ist. Wie alle anderen haben sie sich fortan der weltlichen Macht zu unterwerfen. Auch moralisch weist der Rat die Prediger in ihre Schranken: Ihre Konkubinen müssen sie heiraten oder sich von ihnen trennen.

In den Gassen und Straßen an der Pegnitz kann die Entscheidung niemanden überraschen. Aber den Rest des Heiligen Römischen Reiches deutscher Nation muss sie treffen wie ein Blitzschlag: Als erste Reichsstadt stellt sich Nürnberg offiziell auf die Seite der Reformation, setzt sich an die Spitze einer Bewegung, die ganz Europa verändern wird.

Von nun an gilt das Wort des Bischofs nicht mehr auf dem Gebiet der Stadt, ist das Gesetz des Papstes nichts mehr wert.

°

IN DEN FOLGENDEN MONATEN schließen sich immer mehr Länder und Städte des Reichs der Reformation an, obwohl der Kaiser weiterhin darauf beharrt, dass die Reichsstände bis zu seiner Rückkehr aus Spanien nicht selbstständig in der Religionsfrage entscheiden dürfen.

Im Sommer 1526 einigen sich beide Seiten auf einem Reichstag immerhin darauf, dass jeder Herrscher in der Glaubensfrage bis zur endgültigen Entscheidung dem eigenen Gewissen folgen darf.

Doch gerade dieser Schwebezustand sichert den Siegeszug der Reformation. Zumal die katholischen Territorialherren, untereinander oft in politische Konflikte und Machtstreitigkeiten verwickelt, der evangelischen Seite keine geeinte Front entgegenstellen. Als in späteren Jahren aus zögerlicher Duldung offene Gegenwehr wird, ist die Revolution nicht mehr rückgängig zu machen.

Erst 1555 beendet der Augsburger Religionsfrieden die Kämpfe. Künftig sollen alle Landesherren den Glauben ihrer Untertanen frei bestimmen, nach dem Grundsatz *cuius regio, eius religio* – „wessen Land, dessen Religion".

Doch lange wird dieser Frieden nicht währen. Ein Jahrhundert nachdem der Siegeszug der Reformation begonnen hat, bricht 1618 ein Kampf aus zwischen katholischen und evangelischen Mächten, der halb Europa erfassen und über Jahrzehnte wüten wird.

Nürnberg wird den Erschütterungen des Dreißigjährigen Krieges nicht standhalten, auch wenn der Rat anfangs eisern versucht, Neutralität zu wahren.

Auf dem Höhepunkt des blutigen Streits um Macht und Glauben flüchten sich Tausende Menschen aus dem Umland in die Stadt. Die so strikt verteidigte Ordnung der Patrizier, die Nürnberg groß gemacht hat und erfolgreich, löst sich in Chaos auf. Es kommt zu Hungersnöten und Seuchen. Ab 1632 verliert die Reichsstadt binnen drei Jahren zwei Drittel ihrer Bevölkerung.

Die Menschen, die ihr größtes Kapital waren und die ihr einen besonderen Glanz verliehen, kann die Stadt im Schatten der Burg nicht ersetzen.

Und so wird Nürnberg nie wieder sein, was es gut zwei Jahrhunderte lang war: der Mittelpunkt des Reiches. ◊

1472–1553
Lucas Cranach d. Ä.

Er wird bekannt mit Gemälden, in denen er Innovationen aus den Niederlanden und Italien verarbeitet, und so steigt Lucas Cranach 1505 zum Hofmaler des Kurfürsten von Sachsen auf. Seine Werkstatt bringt schon bald in beispiellosem Tempo Bilder hervor: Kein Maler arbeitet effizienter und keiner ist geschäftstüchtiger als Cranach, der im Zeitalter der Glaubensspaltung der Sache Luthers ebenso dient wie der römischen Kirche

Eine FABRIK *für die* KUNST

TEXT: *Oliver Fischer*

In seinem typischen Werkstattstil mit klaren Konturen und kräftigen, deutlich voneinander abgesetzten Farbfeldern malt Cranach 1530 das **»PARADIES«**, in dem er die biblische Schöpfungsgeschichte erzählt: von der Erschaffung Adams (hinten rechts) und Evas (hinten Mitte) bis zu deren Vertreibung aus dem Garten Eden durch den Erzengel Gabriel (hinten links)

Seine Werkstatt, in der er etliche Gesellen beschäftigt, bringt Cranach ein Vermögen: Er fertigt Gemälde für fürstliche Gemächer und Kirchen, liefert Karnevalskostüme und Wandbehänge. Um 1550 lässt er sich von seinem Sohn als Ratsherr darstellen – ein Amt, das er in Wittenberg viele Jahre lang bekleidet (»LUCAS CRANACH D. ÄLTERE«)

EIN AUFTRAG vom neuen Kurfürsten! 120 Bilder soll Cranach für ihn malen: 60 Porträts von jedem seiner beiden verstorbenen Vorgänger. Die Gemälde will Johann Friedrich I. von Sachsen paarweise als Geschenk an andere Herrscherhöfe schicken – und zwar möglichst bald.

Ein Morgen im Herbst 1532. Lucas Cranach, ein Mann von etwa 60 Jahren mit mächtigem Patriarchenbart, eilt über den Innenhof seines Anwesens in Wittenberg. Seit mehr als einem Vierteljahrhundert ist er bereits Hofmaler der Kurfürsten von Sachsen und von seinen Auftraggebern schon einiges gewohnt, aber dieser Auftrag ist selbst für ihn eine Herausforderung: Kein Künstler in den deutschen Landen könnte in ein paar Wochen oder Monaten in höchster Qualität 120 Bilder malen.

Bis auf einen: Cranach selbst. Denn ist er nicht weit über Sachsen hinaus für sein beispielloses Arbeitstempo bekannt? Hat nicht ein Gelehrter an ihn geschrieben: „Jedermann lobt Dich wegen der wunderbaren Schnelligkeit, mit der Du malst."? Zudem hat er inzwischen ein gutes Dutzend Angestellte, die ihm beim Verfertigen der Gemälde helfen.

Nach einigen Schritten erreicht Cranach die beiden Gebäude am Ende des Hofes, in denen seine Werkstatt untergebracht ist. Zehn Gesellen sind bei der Arbeit, einige sitzen vor den Fenstern an Staffeleien, malen vielleicht an einer Darstellung der Liebesgöttin Venus oder an einem Bildnis des Reformators Martin Luther.

Weiter hinten stehen an einem Tisch weitere Männer, schlagen über einer Steinplatte Eier auf, rühren Farbpulver in die glibberige Masse, formen so eine Paste, die sich leicht mit dem Pinsel auftragen lässt. Mehr als 25 verschiedene Pigmente nutzt der Meister – und legt großen Wert darauf, dass jederzeit frisch gemischte Farben zur Verfügung stehen. Damit die Arbeit nicht unterbrochen werden muss, nur weil der passende Farbton fehlt!

Zudem lagert Cranach in seinen Räumen stets große Vorräte an Tafeln aus Holz, meist Buche; darauf malt er am liebsten. Ein Tischler liefert ihm die Bretter zumeist in sechs verschiedenen Formaten, die größten messen etwa anderthalb Meter, die kleinsten rund 20 Zentimeter. Und so kann er immer sofort mit der Arbeit beginnen – gleichgültig, ob er einen Auftrag für ein monumentales Altarbild erhält oder, wie jetzt, für kleinformatige Porträts.

Als Erstes lässt sich Cranach an diesem Morgen Musterbilder der beiden verstorbenen Fürsten bringen, von Friedrich III. und Johann I. Wie viele Maler seiner Zeit hat sich Cranach im Laufe der Jahre eine große Sammlung solcher Vorlagen zugelegt, darunter Porträts von Adeligen und Bauern, Kopfstudien von Aposteln und jungen Frauen, außerdem Bilder von abgeschlagenen Köpfen (für Märtyrerdarstellungen) sowie Skizzen von Hirschen und Ziegen: eine Fülle von Motiven, die er in immer neuen Varianten in seine Gemälde einbaut.

In den folgenden Tagen kopieren die Gesellen die Vorlagen auf die Holztafeln. Dafür nutzen sie Lochpausen, das sind Blätter aus eingefettetem Papier oder Pergament, die sie über die Musterbilder legen. Mit Nadeln stechen sie die Umrisslinien der kurfürstlichen Oberkörper nach. Dann spannen sie die perforierten Blätter auf die Tafeln, streuen Kohlenstaub darüber. Das Pulver rieselt durch die Löcher – und die Konturen der Kurfürsten erscheinen als Muster aus schwarzen Punkten auf dem Holz; die Gesellen verbinden die Kohletupfer dann mit Pinsel oder Metallstift zu Linien.

Meist tragen nun Cranach und seine Gehilfen im Wechsel die Farben auf. Wer dabei welchen Teil des Bildes übernimmt, ist heute kaum noch festzustellen. Wahrscheinlich malen die Gesellen die Kleidung der Regenten, die schwarzen Barette auf ihren Häuptern, die Pelzkragen ihrer Gewänder. Die Köpfe dagegen übernimmt wohl Cranach selbst, manchmal vielleicht auch ein langjähriger Mitarbeiter – es braucht Können und Erfahrung, um die Gesichter zu malen.

Der Meister drängt auf Eile: Während in einem Teil des Gemäldes die Farben noch trocknen, lässt er schon die nächste Partie ausmalen.

Auf Wunsch des neuen Kurfürsten sollen auf jedem Porträt

Inschriften stehen, die die Taten der Vorgänger feiern. Solche Texte tragen Maler üblicherweise mit dem Pinsel auf. Viel zu langsam für Cranach: Er lässt die Lobreden größtenteils auf Papierstreifen drucken, klebt sie auf das untere Drittel der Gemälde, kombiniert so das traditionelle gemalte Tafelbild mit der deutlich jüngeren Druckkunst – und beschleunigt die Arbeit ein weiteres Mal.

So steht die produktivste und schnellste Malerwerkstatt Europas jener Zeit nicht in Rom, Venedig oder Brüssel, sondern im kleinen Wittenberg: Wohl mehr als 5000 Gemälde fertigt Cranach mithilfe seiner Gesellen in seinem Leben, dazu unzählige Kupferstiche, Holzschnitte und Zeichnungen. All dies meist signiert mit einer geflügelten Schlange, die einen Ring im Maul trägt: Cranachs Wappentier, das Emblem seiner hocheffizienten Bilderfabrik.

WIE MAN EINE Künstlerwerkstatt erfolgreich leitet, lernt Cranach schon früh. Auch sein Vater ist Maler, führt einen gut gehenden Betrieb in Kronach, einer kleinen Stadt in Franken mit rund 2000 Einwohnern.

Hier wird Lucas 1472 geboren, heißt zunächst mit Nachnamen noch Moller oder Maler. Erst mit Anfang dreißig wird er sich nach seinem Geburtsort nennen – Familiennamen bilden sich in dieser Zeit erst langsam heraus, und es ist nicht ungewöhnlich, dass sich Männer nach ihren Heimatstädten bezeichnen.

Er lernt vermutlich gut zwei Jahre lang das Malerhandwerk bei seinem Vater, geht als Geselle auf die Wanderschaft, kehrt danach wohl in die Heimat zurück. Nur wenig ist bekannt über die ersten 28 Jahre seines Lebens, es gibt kein einziges Bild aus dieser Zeit, das man ihm zuordnen könnte.

Doch Cranach hat Ehrgeiz, will nicht wie sein Vater sein Leben lang hauptsächlich fränkische Kirchen ausstatten. Er beschäftigt sich mit den Ideen anderer junger Künstler, studiert etwa die Druckgrafiken Albrecht Dürers, der in Nürnberg arbeitet. Und er lernt Latein, die Sprache der Intellektuellen – ungewöhnlich für einen Maler.

Kurz nach 1500 beschließt er, nach Wien zu ziehen, an den Sitz der Habsburger-Herrscher. Eine unternehmerisch kluge Entscheidung. Denn in der Residenzstadt ist die Nachfrage nach Kunst groß: Die Angehörigen des Kaiserhofes und die Gelehrten der Universität sind gern bereit, für ungewöhnliche Bildkompositionen Geld auszugeben. Maler mit neuen Ideen aber gibt es kaum in der Stadt – gute Chancen also für einen erfolgshungrigen Novizen aus der Provinz.

Cranach nimmt in der Metropole Kontakt zu Professoren,

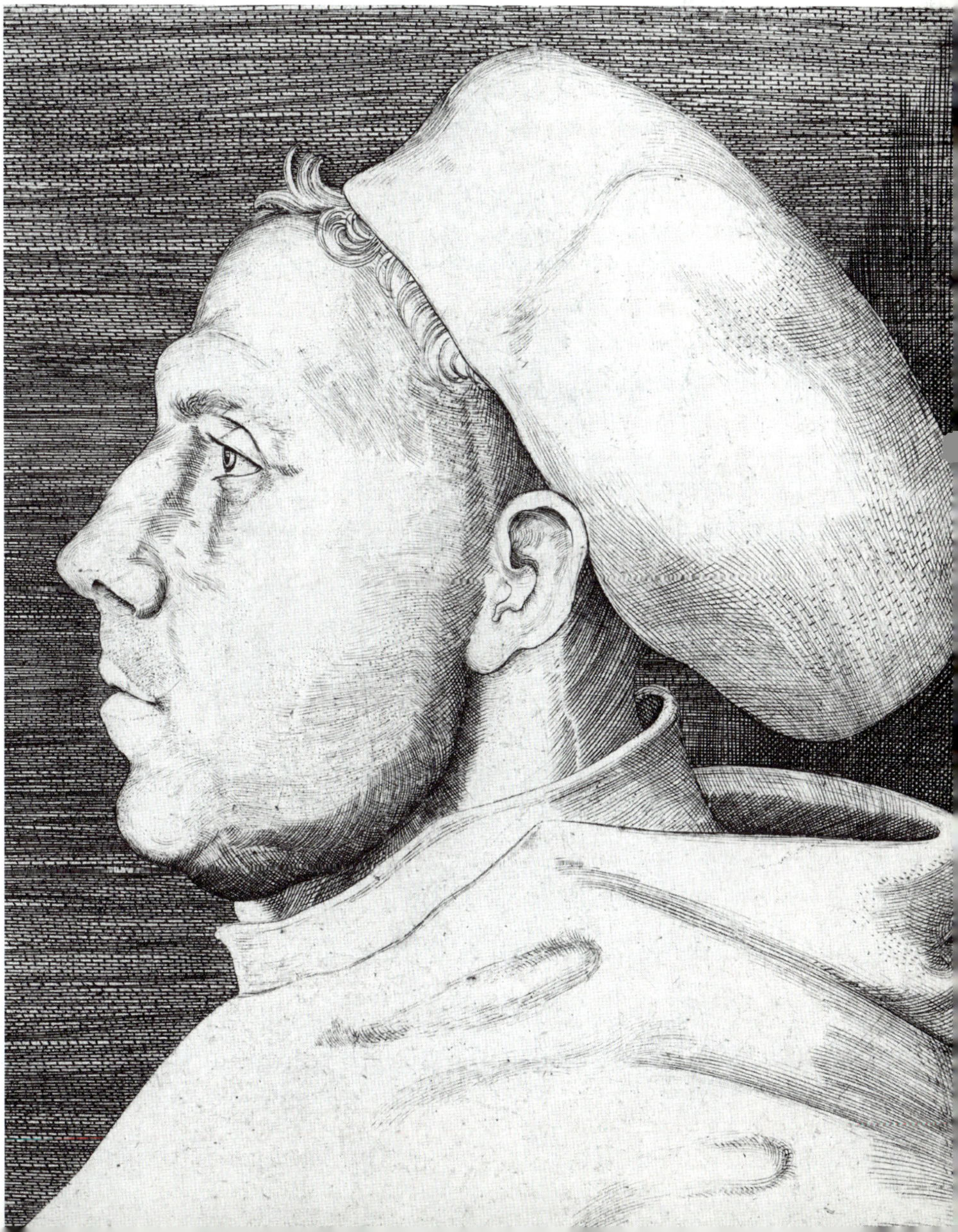

Mit **»MARTIN LUTHER«** verbindet Cranach wohl eine enge Freundschaft. Der Künstler illustriert Pamphlete des Predigers und macht dessen Gesicht durch zahlreiche Porträts bekannt: Der Kupferstich von 1521 zeigt ihn als jungen Augustinermönch

Lyrikern und Rhetorikern auf, die wie er aus Franken stammen. Seine Landsleute machen ihn im Kreis ihrer Kollegen bekannt. Und genau wie der Neuankömmling gehofft hat, bestellen sie Bilder bei ihm, etwa der Arzt Johannes Cuspinian, Rektor der Wiener Universität und Dekan der medizinischen Fakultät.

Leicht überrascht schaut er auf Cranachs Porträt in die Ferne, hebt den Kopf, als habe er gerade etwas Neues, Einzigartiges erfahren – wohl eine Anspielung darauf, dass Cuspinian auch ein begabter Dichter ist. Der forschende Blick, die individuellen und lebensnahen Gesichtszüge mit den sanft geröteten Wangen: Cranach zeigt hier, zu welcher Präzision und psychologischen Tiefe er fähig ist (siehe Seite 106).

Zudem fasziniert die Wiener, dass Cuspinian auf Cranachs Gemälde zwischen Gras und Baum frei in der Natur sitzt – sonst zeigen Künstler die Porträtierten vor Fenstern oder in Loggien, durch Mauern und Säulen getrennt von der Landschaft. Als erster deutscher Maler bricht Cranach mit dieser Tradition, profiliert sich damit als moderner Künstler, der die neuen Strömungen aus den Niederlanden und Italien kennt.

Gänzlich innovativ dann ist ein Bild der Kreuzigung Jesu, das er 1503 malt. Den geschundenen Körper des Heilands hüllt er in ein dramatisch wehendes Lendentuch, taucht die Szene in expressive, in ihrer Kombination ungesehene Farben: nachtschwarz und blaugrau die Gewitterwolken, die über Golgatha aufziehen, während das verschwindende Sonnenlicht den Leib des Herrn wie Bronze schimmern lässt.

Und dann der Standort des Kreuzes! Nicht im Mittelpunkt des Bildes steht es und frontal zum Betrachter, wie seit Jahrhunderten üblich: Cranach hat es an die Seite gerückt und schräg gestellt. Der leidende Erlöser, das Zentrum des christlichen Glaubens, wird an den Rand geschoben – und zieht durch diesen Bruch mit der Konvention erst recht die Aufmerksamkeit auf sich.

So mutig wie Cranach sind nur wenige Künstler in dieser Zeit. Man spricht über ihn, in den Kreisen der Gelehrten, an den Höfen kunstsinniger Fürsten.

Friedrich III. von Sachsen wird auf ihn aufmerksam. Seit Jahren arbeitet er daran, seine kleine Residenzstadt Wittenberg in einen glanzvollen Ort zu verwandeln, in dem die Künste blühen und die Gelehrten disputieren. Der Kurfürst gründet eine Universität, beruft den venezianischen Meister Jacopo de' Barbari zum Hofmaler – und als der ihn nach einiger Zeit wieder verlässt, bietet er Cranach das Amt an.

Der zögert zunächst ein wenig, von der Kaiserstadt Wien an einen Flecken zu ziehen, der nicht größer ist als sein Heimatort. Doch Friedrich lockt mit Geld: 40 Gulden will ihm der Fürst als Ausgleich für die Umzugskosten zahlen. So viel erhält sein Kämmerer als Jahresgehalt.

Wohl im Frühjahr 1505 siedelt Cranach nach Wittenberg über und wohnt zunächst in einer der Kammern des Schlosses; auch seine Werkstatt ist in dem Gebäude untergebracht.

Wenige Maler sind so MUTIG wie CRANACH

Wie viele andere Künstler wird er bei seiner Arbeit nun von mehreren Mitarbeitern unterstützt – gut ausgebildeten Handwerkern, die sich auf das Grundieren der Tafeln mit Kreide (um eine glatte Oberfläche zu schaffen und die Maserung des Holzes zu überdecken) genauso verstehen wie auf das Auftragen der Farben in mehreren Schichten oder das Aufbringen von Blattgold.

°

ZUDEM BESCHÄFTIGT Cranach zwei, drei Lehrlinge, die bei ihm mehrere Jahre lang den Beruf des Malers erlernen, der übliche Ausbildungsweg in dieser Zeit. Anschließend dürfen sie als Gesellen in einer Werkstatt arbeiten. Wer besonders begabt und tüchtig ist, legt später die Meisterprüfung ab, kann einen eigenen Betrieb eröffnen und selbst Mitarbeiter einstellen.

Viel gibt es zu tun für den neuen Hofmaler: Neben den Gemälden für die fürstlichen Gemächer oder die Schlosskirche muss Cranach auch Entwürfe für Karnevalskostüme liefern, für Masken, Hofgewänder und die Renndecken der Turnierpferde. Selbst für das Anstreichen von Kutschen und Zäunen ist er verantwortlich.

Häufig reist er mit seinen Gehilfen nach Torgau, Coburg und Lochau, wo weitere Schlösser des Fürsten liegen. Mal malen sie

In nie gesehene Farbigkeit taucht der junge Cranach 1503 **»DIE KLAGE UNTER DEM KREUZ«**: In Schwarz und Grau dräuen die Gewitterwolken, Jesu Leib, grausam deformiert durch den Nagel, der seine Füße durchstoßen hat, schimmert wie Bronze. Und indem der Künstler das Kruzifix schräg stellt, schafft er eine radikal neue Perspektive auf diese tausendfach gemalte Szene

einen riesigen heiligen Christophorus an den Schlossturm, mal dekorieren sie Festsäle mit großen Leinwänden, die Cranach und seine Gesellen mit Szenen einer Hirschjagd oder eines Ritterturniers bemalt haben und die Friedrich III. als Ersatz für Wandteppiche aufhängen lässt.

Für jede Arbeit zahlt der Fürst Cranach ein Honorar; wegen der Menge der Aufträge fasst der Maler meist mehrere in einer Sammelrechnung zusammen und reicht sie bei den Hofbeamten ein.

Trotz all seiner Pflichten beobachtet Cranach die aktuellen Entwicklungen der Malerei sehr genau. Darauf legt auch der Kurfürst großen Wert, der – selbst ein herausragender Kunstkenner – regelmäßig in der Werkstatt des Malers vorbeischaut und sich dessen jüngste Werke zeigen lässt.

Besonders aufmerksam verfolgt Cranach die Arbeit Albrecht Dürers, der in dieser Zeit ein Vorbild für fast alle deutschen Maler ist, zugleich aber auch ein Konkurrent, den es zu übertrumpfen gilt.

In Wien malt Cranach das **»BILDNIS DES DR. JOHANNES CUSPINIAN«**. Als erster deutscher Künstler verbindet er ein Porträt mit einer Landschaftsdarstellung, die die christlich-humanistische Gesinnung des Arztes und Dichters zeigt: Der Stern über seinem Kopf steht für Christus, den Lichtbringer, unter den Figuren im Hintergrund sind der griechische Gott Apoll und die Musen

So fertigt Cranach 1509 einen Zyklus mit 14 Holzschnitten zur Passion Christi an: ein selbstbewusstes Signal an den Kollegen in Nürnberg, der Jahre zuvor eine große Bildstrecke zum gleichen Thema begonnen, aber immer noch nicht vollendet hat. Ich bin schneller, so lautet Cranachs Botschaft.

Auch bei der Aktmalerei herrscht Konkurrenz zwischen den beiden. Seit Langem schon beschäftigt sich Dürer mit der Darstellung des nackten Körpers, sucht nach den richtigen Proportionen, um den menschlichen Körper in vollkommener Schönheit zu malen.

Allerdings halten Theologen es für anstößig, auf Bildern unbekleidete Menschen zu zeigen, es sei denn, es handelt sich um Heilige oder Gestalten der Bibel.

Dürer fügt sich dieser Konvention, als er 1507 auf zwei Tafeln in Lebensgröße nackt einen Mann und eine Frau malt: Er zeigt sie in der vertrauten Pose von Adam und Eva.

°

NUN INTERESSIERT sich auch Cranach für Aktdarstellungen. Er hat von Dürers neuem Werk gehört, es vielleicht sogar bei einem Nürnbergbesuch gesehen und malt jetzt selbst mehrere Darstellungen des ersten Menschenpaars.

Doch er will kühner sein als Dürer – und präsentiert 1509 ein Bild, das noch kein Künstler nördlich der Alpen zu malen gewagt hat: ein lebensgroßes Gemälde der römischen Liebesgöttin Venus, bekleidet mit nichts als einem durchsichtigen Schleier.

Erst etwa 25 Jahre ist es her, dass in Florenz Sandro Botticelli eine nackte Venus geschaffen hat, als erster Künstler seit der Antike. Botticellis Göttin balanciert auf einer Muschel im Meer. Überirdisch schön ist sie mit ihrem goldenen Haar und der porzellanfarbenen Haut – und versucht die Wirkung ihrer Reize noch zu dämpfen, indem sie mit der Hand eine Brust bedeckt.

Cranachs Venus dagegen kennt keine Scham. Ihre Brüste sind rund, prall und unverhüllt; die Augenlider schläfrig gesenkt, die Haut gebräunt: eher eine laszive Frau denn ein himmlisches Wesen. Statt auf einer Muschel steht sie auf karger Erde. Neben ihr ein kleiner Amor, der lauernd zum Betrachter schaut und seinen Bogen spannt.

Wie die Wittenberger auf das Gemälde reagieren, ist nicht überliefert. Doch die Gelehrten der Universität, die wie die meisten Wissenschaftler dieser Zeit dem Humanismus folgen, der das Individuum feiert, und sich für die Antike begeistern, drängen mit Sicherheit in Cranachs Betrieb, um das Werk zu betrachten. Intellektuelle in ganz Europa sind fasziniert von der Gestalt der freizügigen Liebesgöttin, Berichte über die Ausgrabung einer antiken Venusstatue in Rom zirkulieren auf dem Kontinent – und ausgerechnet der Hofkünstler in ihrer kleinen Stadt hat es gewagt, diese Frau so überaus verlockend zu malen!

In den folgenden Jahren fertigt Cranach weitere Akte. Er wird zu einem gefragten Spezialisten, malt etwa jene drei nackten Göttinnen, die im „Urteil des Paris" um die Gunst des trojanischen Königssohns wetteifern (der auf Cranachs Bildern reichlich überfordert scheint angesichts von so viel unverhüllter Schönheit).

Einige dieser Bilder wohl bestellen reiche Kaufleute oder Gelehrte, denn Cranach darf auch für private Auftraggeber arbeiten, neben seiner Tätigkeit für den

Lucas Cranach dient drei sächsischen Herrschern; nach 1532 malt er **»DIE DREI KURFÜRSTEN VON SACHSEN«** Friedrich III., Johann I. sowie Johann Friedrich I. (v. l.). 1547 unterliegt Johann Friedrich dem katholischen Kaiser im Krieg der Konfessionen und gerät in Gefangenschaft, in die ihm Cranach später folgt

Kurfürsten. Er verdient ausgezeichnet mit seiner Kunst.

1512 kauft er sich ein großes Haus in bester Lage, direkt am Marktplatz von Wittenberg. Auch seine Werkstatt verlegt er wahrscheinlich schon jetzt in die Stadt, spätestens aber, als er einige Jahre später in ein großes Anwesen direkt in der Nachbarschaft umzieht; dort wird er gut drei Jahrzehnte leben und arbeiten.

Er beschäftigt mittlerweile fast ein Dutzend Gesellen, doch auch die reichen kaum aus, um alle Aufträge zu bewältigen. Immer wieder sucht er daher nach Ideen, die Arbeit weiter zu beschleunigen.

Bei Porträts etwa trägt er lange Zeit die Fellhaare auf den Pelzgewändern reicher Herren mit dem Spitzpinsel auf, muss so jedes Härchen einzeln gestalten. Zu umständlich, findet er nun und wechselt zu einem größeren Pinsel mit einer sich spleißenden Spitze: So kann er mit einem Strich ganze Haarbüschel malen.

Sich wochenlang auf ein Bild zu konzentrieren, es von Anfang bis Ende selbst zu schaffen: Dafür hat Cranach immer seltener Zeit. Häufig fertigt er nur noch die Entwurfsskizze an, trägt anschließend die Unterzeichnung auf, also sämtliche Umrisslinien der Darstellung. Das Ausmalen mit Farben überlässt er den Mitarbeitern, greift vielleicht noch bei besonders schwierigen Partien wie Gesichtern ein oder arbeitet feine Details wie Haare oder Brokatfäden aus.

Wie sehr sich Cranach um ein Bild kümmert, hängt auch vom Rang des Auftraggebers ab. Bei Arbeiten für den Kurfürsten überprüft er aufmerksam jeden Zwischenschritt. Andere Gemälde lässt er sich oft nur noch zur Endkontrolle vorlegen.

Wichtig ist ihm, dass die Bilder einheitlich wirken. Denn gleichgültig, wie viele Gesellen an einem Werk mitgearbeitet haben – es soll aussehen wie von einer einzigen Hand gemalt. Und auch zwischen den einzelnen Gemälden aus seinem Betrieb sollen die Betrachter keinen Unterschied ausmachen können, was Stil und Qualität betrifft.

°

ALLERDINGS IST nicht jeder Mitarbeiter ein Virtuose, kann nicht jeder mit der ausgefeilten Malweise des Meisters mithalten. Und so entwickelt Cranach im Laufe der Jahre einen eigenen Werkstattstil, den auch ein durchschnittlich begabter Geselle erlernen kann. Aufgeräumter ist dieser Stil und unterscheidet sich stark von dem seiner frühen Werke. Die Konturen sind nun präzise gezeichnet, sodass die Farbfelder deutlich voneinander abgegrenzt sind; die Farben selbst klar und kräftig.

Auf komplizierte perspektivische Konstruktionen verzichtet Cranach fortan meist. Bei Porträts etwa findet sich nur noch selten eine Landschaft im Hintergrund, oft setzt er die Porträtierten vor monochrome, dunkle Flächen.

Die Menschen in seinen Bildern beginnen sich zu ähneln, vor

allem die Frauen: hohe Stirn, schmales Kinn, mädchenhafte Figur – nach diesem Standardtyp lässt er Nymphen und Madonnen malen, die Urmutter Eva und die drei Grazien.

Auch manche Gebäude, Tiere, Kleidungs- oder Schmuckstücke kehren auf seinen Werken immer wieder, angefertigt wohl meist nach Musterbildern. Die Veste Coburg etwa taucht über Jahrzehnte fast unverändert im Hintergrund von Gemälden auf. Und mehr als ein Vierteljahrhundert lang hängt er Frauenfiguren die immer gleiche, wenig filigrane Kette um den Hals.

Diesen standardisierten Stil können die Gesellen leicht nachahmen – und müssen es auch, denn anders als Dürer erlaubt Cranach seinen Mitarbeitern nicht, eine eigene Handschrift zu entwickeln.

Auch der Meister selbst ordnet sich dem neuen Einheitsstil unter, nimmt sich zurück. Und hält doch immer jenes Niveau, für das seine Bilder weithin bekannt sind.

Cranach will auch dem Geschmack seiner anspruchsvolleren Kunden genügen, er möchte etwa keine klobig wirkenden Frauenfiguren in seinen Werken, sondern grazile Gestalten, die ihre feinen Gliedmaßen in anmutigen Gesten zur Schau stellen und

Mit Ritterturnieren zeigen Fürstenhöfe ihre Pracht, einem Hofmaler bringen sie einträgliche Zusatzverdienste. Denn er darf die Wappen der Teilnehmer malen, Lanzen schmücken und in seinen Bildern die Veranstaltung verewigen. 1506 fertigt Cranach für den Kurfürsten den Holzschnitt **»DAS TURNIER AUF DEM MARKTPLATZ«**

so dem Schönheitsideal der Zeit entsprechen.

Denn nur wenn er Qualität liefert, wird die Nachfrage für seine Bilder stark bleiben, kann er seine Gemäldefabrik auf Dauer gewinnbringend betreiben.

Eine Fabrik, die sich bald in den Dienst einer neuen Idee stellt.

Am 31. Oktober 1517 veröffentlicht einer von Cranachs Mitbürgern in Wittenberg ein Papier, das ihn rasch zum bekanntesten Mann Europas macht: Der Theologieprofessor Martin Luther attackiert in 95 Thesen den Ablasshandel und den Machtmissbrauch der Kirche.

Cranach kennt Luther sicher bereits vom Sehen. Das Kloster, in dem der Augustinermönch lebt, liegt zu Fuß nur gut fünf Minuten von der Malerwerkstatt entfernt.

Was der Künstler über Luthers Thesen denkt, ist nicht überliefert, auch nicht, wie sich die zwei Männer näher kennenlernen. Doch offenbar wird Cranach bald zu einem engen Vertrauten des Reformators: Luther ist 1520 Pate bei der Taufe seiner Tochter, einige Jahre später übernimmt Cranach das gleiche Amt für Luthers Sohn.

Luthers Kampf für eine Erneuerung des Glaubens unterstützt der Maler. So entwirft er Illustrationen für das Büchlein „Passional Christi und Antichristi“, eine Abrechnung mit Rom in 26 Holzschnitten.

Auf den linken Seiten sind stets Szenen aus dem bescheidenen Leben Jesu zu sehen, die rechten zeigen Bilder aus dem Alltag des den Luxus liebenden Papstes.

Jesus wäscht und küsst den Jüngern die Füße – der Papst lässt sich die Füße küssen. Jesus bricht unter der Last des Kreuzes zusammen – der Papst wird in einer Sänfte getragen. Jesus betet in einer recht kargen Landschaft, umgeben von seinen Jüngern bei Kranken und Armen – der Papst schaut von einer Loge aus einem Ritterturnier zu.

An vielen Orten Deutschlands bieten Händler die kleine Schrift an, die Menschen sehen die Bilder und werden in ihrer Überzeugung bestärkt, dass sich die Kirche weit von den Idealen Christi entfernt hat.

°

CRANACH FERTIGT dazu Porträts von Luther an, malt dessen Gesicht mit Pinsel und Farbe, lässt es in Kupfertafeln ritzen und in Holzplatten schneiden. Schließlich wollen die Gläubigen wissen, wie dieser überaus mutige Mann aus Wittenberg aussieht. Die meisten Menschen dieser Zeit (wie auch spätere Generationen) lernen Luthers Gesicht nur durch Cranachs Bilder kennen.

Und der Reformator hat viele Gesichter. Welches die Öffentlichkeit zu sehen bekommt, hängt nicht nur von Cranach und Luther ab, sondern auch vom Kurfürsten. Friedrich III. duldet zwar den Kampf für eine Reform der Kirche, ist dabei aber stets auf Ausgleich bedacht.

1520 legt Cranach einen ersten Kupferstich vor: Luthers Gesicht ist knochig und umschattet, sein Blick entschlossen geradeaus gerichtet. Er scheint unbeirrbar, unruhig springen die Falten seines Mönchsgewandes hin und her.

Zu kompromisslos, finden offenbar Friedrichs Ratgeber. Gerade jetzt, kurz bevor der Reichstag mit Kaiser Karl V. in Worms zu Beratungen über die neue Lehre zusammentritt, will der Hof ein versöhnliches Signal an Luthers Gegner senden.

Cranach muss einen zweiten Stich liefern. Diesmal zeigt er Luther vor einer Nische mit

Woran CRANACH glaubt, bleibt RÄTSELHAFT

Rundbogen – so stellen Künstler sonst Heilige dar. Das Gesicht des Reformators ist glatter und voller, er hält die Bibel in der rechten Hand, legt die linke demütig auf die Brust, ist nun frommer Mönch und kein Aufrührer mehr.

Allerdings nur auf diesem Bild. Auf dem Reichstag weigert sich Luther, seine Schriften zu widerrufen; die vom Kurfürsten gewünschte Versöhnung scheitert. Der Kaiser erklärt ihn für vogelfrei.

Luther verbirgt sich nun mehrere Monate lang auf der Wartburg, verkleidet als Junker und unter falschem Namen. Wohl zur Tarnung lässt er sich einen Bart stehen.

Währenddessen stacheln in Wittenberg radikale Anhänger der Reformation die Gläubigen auf, stürmen Klöster, zerschlagen Altarbilder – eine Zeit lang sieht es so aus, als würde die Reformation zum Volksaufstand eskalieren. Im März 1522 verlässt Luther sein Versteck, eilt nach Wittenberg, beendet mit mehreren beschwichtigenden Predigten den Aufruhr.

Wieder liefert Cranach das passende Bild: Ein Holzschnitt zeigt Luther noch im Wams des Junkers, mit Vollbart und entschlossenem, souveränem Blick.

Die Botschaft an die durch die Unruhen verunsicherten Gläubigen ist deutlich (und sicherlich wieder mit dem Hof abgestimmt): Luther ist ein Mann, der durchgreift, ein Verteidiger der öffentlichen Ordnung.

Kein Künstler unterstützt die Bewegung des Reformators so sehr wie Cranach. Auch für den Freund steigt er ins Verlagsgeschäft ein; gemeinsam mit einem Leipziger Buchdrucker stellt er in seinem Haus die ersten Auflagen von Luthers Übersetzung des Neuen Testaments her.

D

DOCH DAS HINDERT den geschäftstüchtigen Cranach nicht daran, auch für einen mächtigen Gegner Luthers zu arbeiten: Kardinal Albrecht von Brandenburg, einen der dreistesten und erfolgreichsten Pfründesammler der Papstkirche, häuft er doch Kirchenämter an wie kein Zweiter.

Schon mit etwa 23 wird er Erzbischof von Magdeburg, ein Jahr später zusätzlich auch von Mainz, steigt damit zum ranghöchsten Kleriker Deutschlands auf. Albrecht war es, der den Ablasshandel skandalös ausgeweitet hatte – und Luthers 95 Thesen eine Reaktion auf die von ihm betriebene Praxis.

Albrecht steht also für alles, was die Reformer verabscheuen. Ausgerechnet für diesen Mann malt Cranach seit etwa 1519 Bilder für die neue Stiftskirche, die der Kardinal gerade in Halle errichten lässt. Insgesamt ordert Albrecht annähernd 150 Bildtafeln bei ihm, Szenen der Passion Christi und Heiligenbilder, mit denen er vor allem die Altäre des Neubaus schmücken will.

Jagddarstellungen wie die **»HOFJAGD VOR SCHLOSS HARTENFELS«** von 1545 sind eine Spezialität der Cranach-Werkstatt: Der Meister fügt individuelle Porträts in die standardisierten Gemälde ein, hier etwa die von König Ferdinand I. sowie dem sächsischen Kurfürsten (3. u. 7. v. l.). Das Bild zeigt allerdings keine reale Hatz: Niemals waren die hohen Herren gemeinsam in Sachsen

Es ist der wohl größte Auftrag, den eine europäische Künstlerwerkstatt in dieser Zeit zu bewältigen hat.

Cranach zeichnet sehr präzise die Entwürfe, bildet auf den Skizzen sogar mit angeklebten Papierstücken die Klappflügel der Altäre nach; das Ausmalen delegiert er anschließend wie gewohnt an seine Gesellen.

Gut vier Jahre ist sein Betrieb mit dem Projekt beschäftigt: In jener Zeit, in der Cranach die bissige Polemik gegen das Luxusleben des Papstes entwirft, stehen in seiner Werkstatt also mehr als 100 halb fertige Bilder, die für einen prunkvollen Kirchenbau bestimmt sind, in dem der alte Glaube mit liturgischem Pomp und wundertätigen Reliquien gefeiert werden soll.

Und die Zusammenarbeit mit Albrecht geht weiter. 1525 malt Cranach sein Porträt. Auf Wunsch des Kardinals zeigt er ihn dabei in der Rolle des heiligen Hieronymus, jenes Kirchenlehrers der Antike, der für seine Bibelübersetzung berühmt ist.

Denn mit dem Gemälde will Albrecht für eine Übersetzung der Heiligen Schrift werben, die er gerade in Auftrag gegeben hat. Sie soll die Antwort sein auf die aus katholischer Sicht fehlerhafte Übertragung Luthers – genau jener Version, die Cranach in seinem Haus hatte drucken lassen und für die er außerdem Illustrationen entwarf.

Cranach und seine Mitarbeiter machen sich viel Arbeit mit dem Porträt, das sie nach Vorbild eines Kupferstichs von Dürer gestalten. Außerordentlich detailliert malen sie etwa die Maserung des Schreibtischs, an dem Albrecht als Hieronymus sitzt.

Der Kardinal ist hochzufrieden, bestellt schon ein Jahr später eine Variante des Bildes. Diesmal hockt auf Albrechts Wunsch ein Graupapagei auf dem Schreibtisch von Hieronymus, ein Symbol der Keuschheit und wohl eine ironische Antwort an Luther: Der hat den Kardinal kurz zuvor aufgefordert, endlich seine Mätresse zu heiraten.

Es ist geradezu tollkühn, wie Cranach zwischen seinen Auftraggebern verschiedener Konfessionen hin und her wechselt: Als Luther 1525 eine ehemalige Nonne heiratet, malt der Wittenberger die beiden Neuvermählten und präsentiert sie als ehrbares, bürgerliches Paar – ein Gegenentwurf zu den wilden Ehen, in denen viele Kleriker mit ihren Konkubinen leben.

Immer wieder malt Cranach drastische, beim Publikum höchst beliebte Karikaturen. Er zeigt lüsterne Greise, die Mädchen betatschen, zahnlos grinsende Alte oder hier **»HERKULES UND OMPHALE«**: Der Held verfällt der mäonischen Königin und verliert an deren Weiberhof seine Männlichkeit, bis er sich schließlich sogar wie eine Frau kleidet

Doch kurz darauf feiert er in Bildern genau so eine Beziehung. Cranach stellt Kardinal Albrecht und dessen Geliebte auf zwei Tafeln als Heilige dar: Albrecht als den heiligen Erasmus und seine Konkubine als die heilige Jungfrau und Märtyrerin Ursula.

Ursula trägt auf dem Bild eine Halskette, auf der abgekürzt ein Zitat des römischen Dichters Vergil zu lesen ist: *Omnia vincit amor*, „Alles besiegt die Liebe". Und jeder humanistisch gebildete Betrachter weiß genau, wie die folgende Zeile des Zitates lautet: *Et nos cedamus amori*, „Und wir wollen der Liebe Raum geben". Eine sinnenfrohe Botschaft an sämtliche Kritiker Albrechts.

Dass der Hofkünstler sowohl dem alten Glauben als auch der neuen Lehre zuarbeitet, scheint niemanden zu stören. Zwar nennt Luther seinen Widersacher Albrecht einen „Scheißbischof" und dessen neue Kirche ein „Freudenhaus", seinen Gevatter Cranach aber kritisiert er offenbar nicht. Auch der Kurfürst und der Kardinal sehen in dem Doppel-Engagement Cranachs wohl nichts Anstößiges.

Zu jener Zeit erwartet niemand, dass ein Maler mit Farbe und Pinsel seine eigenen Überzeugungen ausdrückt. Erst zwei Jahrhunderte später werden Philosophen und Literaten die Auffassung zu verbreiten beginnen, dass die Werke eines Künstlers offenbaren sollen, woran er glaubt, und zwar unabhängig von Auftraggebern und Geschäftsinteressen.

Noch aber ist ein Künstler vor allem ein Dienstleister, der versucht, mit Ideen, Geschick und Schnelligkeit seine Kunden zufriedenzustellen – und dabei stets seine Einkünfte im Blick behält. So sympathisiert Cranach sicherlich mit Luthers neuer Lehre, verdient aber auch gut daran. Beson-

ders mit dem Druck des Neuen Testaments macht er reichlich Gewinn, auch weil der Reformator selbst kein Honorar nimmt.

Wie Cranach persönlich über den von Luther gehassten Albrecht von Brandenburg denkt, ist nicht bekannt. Doch die Arbeit für den Kardinal ist für ihn vermutlich vor allem eine kaufmännische Entscheidung.

Er ist nun auf Aufträge angewiesen. Seit sich immer mehr Gemeinden zur neuen Lehre bekennen, bestellt kaum noch jemand Altarbilder bei ihm. Denn wichtige Prediger der Reformation lehnen Gemälde in heiligen Räumen grundsätzlich ab. Die Verehrung der Bilder, wie sie bislang in Kirchen üblich war, ist für sie ein Verstoß gegen das erste Gebot: „Du sollst keine anderen Götter haben neben mir."

Anders als viele seiner Künstlerkollegen aber kommt Cranach gut durch die Krise. 1528 ist er gemäß seiner Steuererklärung der zweitreichste Mann in Wittenberg; nur der Kanzler des Kurfürsten verfügt über mehr Geld.

Die Gewinne, die er mit seinen Bildern macht, investiert er zum Teil in Immobilien und ist schon bald der größte private Grundbesitzer der Stadt. Fünf Häuser gehören ihm, dazu mehrere Gärten, die er teilweise für die Landwirtschaft nutzt.

Geschickt hat er zudem eine Reihe von Geschäften gegründet, die sich sehr vorteilhaft mit der Künstlerwerkstatt verbinden lassen. So betreibt er etwa in einem seiner Häuser die einzige Apotheke Wittenbergs; das Recht dazu hatte er mit dem Kauf eines Grundstücks erworben.

Neben Medikamenten darf er dort auch Spezialitäten wie Gewürze und Wein vertreiben sowie Farbpulver und Öle. Auf diese Weise kann er die Materialien, die er für seine Werkstatt braucht, auf Messen ohne Zwischenhändler günstig erwerben. Außerdem besitzt er einen Buchladen, in dem er neben Schriften von Wittenberger Professoren auch seine Druckgrafiken zum Verkauf auslegt.

Für die Herrscher des Kurfürstentums ist der umtriebige Künstler inzwischen offenbar unverzichtbar: Als Friedrich III. im Jahr 1525 stirbt, belässt sein Bruder und Nachfolger Johann I. Cranach nicht nur im Amt des Hofmalers, sondern zahlt ihm fortan auch ein Grundgehalt von 100 Gulden – genau so viel, wie der Kanzler verdient.

Sieben Jahre später, im Sommer 1532, wechselt ein weiteres Mal die Regierung. Neuer Herrscher wird Johann Friedrich I., der Sohn des Toten. Auch er belässt Cranach im Amt und wendet sich schon bald mit einem außergewöhnlich umfangreichen Auftrag an ihn: den 120 Bildnissen der beiden verblichenen Kurfürsten.

°

DEZEMBER 1532: Kurz vor Neujahr ist ein großer Teil der von Johann Friedrich I. bestellten Bilder vollendet. Cranachs Mitarbeiter verbinden nun mit Scharnieren jeweils zwei Fürstenporträts. Die Gemälde lassen sich so wie ein Buch zusammenklappen und gut geschützt transportieren. Dann bringen die Angestellten die ersten Gemälde zum nur etwa 350 Meter entfernten Schloss.

Wenige Monate später sind alle 120 Bilder fertiggestellt. Lucas Cranach hat seinen Ruf verteidigt. Kein anderer Maler ist so schnell wie er (unterstützt von seinen Gesellen). Und mehr noch: Er steigert sein Tempo in diesen Jahren weiter.

Noch während er mit den Bildnissen der Kurfürsten beschäftigt ist, arbeitet er an einer großen Serie mit Porträts von Luther und Philipp Melanchthon, einem weiteren Reformator. Zudem malt er jetzt in großer Zahl Bilder aus der Welt der griechisch-römischen Sagen.

In den Jahren zuvor hat Cranach genau registriert, wie sehr sich der Kunstmarkt verändert hat: Abgesehen von dem Großauftrag Kardinal Albrechts sind bei ihm kaum noch Bestellungen für Altarbilder eingegangen – zu groß ist nach wie vor das Misstrauen vieler Anhänger der Reformation gegen die „gemalten Ölgötzen".

Cranach reagiert und richtet im Laufe der Zeit sein Geschäft neu aus. Mit Motiven aus der Mythologie versucht er, neue Kunden für sich zu begeistern. Mit einigen dieser Sujets hat er sich früher schon beschäftigt, wie dem Paris-Urteil. Andere bringt er erstmals auf den Markt, etwa Szenen aus dem Leben des Herkules.

Weiterhin legt er größten Wert auf Effizienz. Von den neuen Motiven lässt er die Gesellen außergewöhnlich viele Varianten malen. Auf diese Weise produziert er eine Fülle an Bildern, die sich so sehr ähneln, dass die Werkstatt sie ohne viel Aufwand rasch anfertigen kann – die sich aber zugleich in zahlreichen Details so stark unterscheiden, dass der Käufer sich als Besitzer eines Unikats betrachten kann.

Beim „Urteil des Paris" etwa lässt Cranach die drei nackten Göttinnen von Bild zu Bild immer neue Körperhaltungen einnehmen. Mal greift eine der Schönen sich mit der Hand über die Schulter auf den Rücken, mal reckt eine den Arm und greift nach einem Zweig, eine dritte winkelt keck das Bein an und zieht den Fuß bis zum Po. Mindestens zehn Fassungen malt Cranachs Fließband-Werkstatt vom „Urteil des Paris".

Etwa genauso oft fertigt sie Bilder der „Quellnymphe" an, ei-

Der BILDER-KONZERN

Mal fast unverhüllt, mal vollkommen nackt erwarten die drei Göttinnen Hera, Athene und Aphrodite das **»URTEIL DES PARIS«**, wer die Schönste von ihnen sei. Etwa ein Dutzend gemalte Versionen dieser griechischen Sage entstehen in der Cranach-Werkstatt. Wobei die Gesellen einen Großteil der Arbeit machen; der Meister liefert häufig nur den Entwurf und legt bei Details letzte Hand an. Die Gemälde unterscheiden sich immer ein wenig voneinander; so will Cranach sicherstellen, dass jedes dieser Serienprodukte ein einzigartiges Original ist

um 1512–1514

um 1525

1527

1528

1530

um 1540–1546

ner jungen Frau, die unbekleidet an einem Brunnen oder Wasserlauf ruht – mal flankiert von einem Hirsch, mal von Rebhühnern, die nach ihrem Zeh zu picken scheinen. Wahrscheinlich mehr als 15 Exemplare stellt Cranach von Herkules her. Und wohl fast 70 Mal zeigt er, wie die geschändete Lucretia aus der römischen Sage den Dolch gegen ihre nackte Brust richtet.

Diese große Zahl an Werken produziert Cranach vermutlich vor allem für Kaufleute und andere wohlhabende Bürger.

Denn immer mehr Menschen nördlich der Alpen wollen nun Bilder besitzen. Sie kaufen sie auf Messen etwa in Frankfurt am Main oder Leipzig, wo Künstler an Ständen unter freiem Himmel ihre Gemälde anbieten. Viele Maler eröffnen neben ihren Werkstätten auch Läden, die Kunden von der Straße aus betreten können, um sich drinnen nach einem passenden Bild umzusehen (so wie Cranach in seinem Wittenberger Buchgeschäft auch Holzschnitte und Kupferstiche verkauft).

Auf diese Art von Kunden stellt sich Cranach offenbar sehr präzise ein. Anders als die humanistischen Gelehrten legen die neuen Kunstfreunde keinen Wert darauf, dass sich der Maler bei der Darstellung der antiken Sagengestalten an Traditionen hält.

Beim Urteil des Paris etwa lässt Cranach den kleinen Amor nicht wie üblich mit seinem Pfeil auf Paris zielen, sondern auf eine der drei Göttinnen – möglicherweise auf diejenige, die dem Auftraggeber am besten gefällt.

Bildmotive, die bis dahin einer Elite zur gelehrten Unterhaltung dienten, werden nun zum Amüsement für die Masse. Und natürlich steigert es die Verkaufszahlen, dass auf diesen Bildern nackte Frauen zu sehen sind.

Rastlos arbeitet der Maler weiter, übernimmt auch noch das Amt des Wittenberger Bürgermeisters. Selbst als sein ältester Sohn Hans – ebenfalls Maler – mit wohl nur 24 Jahren auf einer Italienreise stirbt, hält er kaum inne. „Ich hätt' euch viel zu schreiben, hab' aber viel zu schaffen", teilt er einem Bekannten knapp in der Antwort auf dessen Beileidsschreiben mit.

MEHR ALS 40 JAHRE LANG lebt Cranach in Wittenberg. Er gehört zu den angesehensten Bürgern der Stadt, ist viele Jahre lang Ratsherr. Doch dann verliert Kurfürst Johann Friedrich I., der einen Bund protestantischer Herrscher anführt, eine Schlacht gegen den katholischen Kaiser. Er muss einen Teil seines Landes abtreten, darunter die Residenzstadt Wittenberg. Der Kaiser führt ihn als Gefangenen mit sich, bringt ihn zunächst in die Niederlande, dann nach Augsburg.

Schon bald vermisst der Fürst die Gesellschaft seines Hofmalers – immerhin ist Cranach ihm seit seiner Kindheit vertraut, hat schon seinem Vater und Onkel gedient. Er bittet ihn, nach Augsburg zu kommen. Doch der Künstler wiegelt ab: Er habe „den Schwindel im Haupt", teilt er Johann Friedrich mit, und könne nicht reisen. Der Fürst streicht ihm daraufhin die 100 Gulden Jahresgehalt, drängt aber weiter. Schließlich gibt Cranach nach.

Der Maler ahnt, dass er Wittenberg nicht wiedersehen wird, übergibt die Werkstatt seinem zweitältesten Sohn Lucas (der später unter dem Beinamen „der Jüngere" bekannt wird) und fährt nach Augsburg.

Etwa 80 ist er nun, kann aber „keine Stunde ledig oder müßig sitzen", wie sein Schwiegersohn festhält. Auch in der Fremde, ohne Werkstatt und Gesellen, arbeitet der alte Mann weiter, fertigt über 30 Gemälde. In einer Liste führt er sie auf: „eine Venus, ein Ölberg, eine Auferstehung ..." Dazu malt er Tizian, den hochberühmten Künstler aus Venedig, der selbst gerade an einem Porträt des Kaisers arbeitet und sich daher ebenfalls in Augsburg aufhält.

1552 erlaubt der Kaiser dem sächsischen Fürsten, in seine Heimat zurückzukehren. Dort begrüßen ihn die Untertanen jubelnd. In einem Triumphzug zieht die Reisegruppe in Jena ein. Cranach, der Handwerkersohn aus der fränkischen Provinz, sitzt mit dem Herrscher im ersten Wagen.

Noch rund ein Jahr lebt er in Weimar, das anstelle Wittenbergs nun Residenzstadt ist. Dort stirbt Lucas Cranach am 16. Oktober 1553 mit 81 Jahren.

Manche Kritiker werden später Vielfalt und Vielzahl seiner Werke bemängeln. Viele sehen in ihm nichts als einen Propagandisten der Reformation, der sich mit seinen Bildern in den Dienst von Luthers Lehre gestellt hat. Andere tadeln sein Arbeitstempo, halten es für ein Zeichen von Oberflächlichkeit. Wieder andere stören sich an seiner Fokussierung auf das Merkantile, die dem wahren Künstlertum widerspreche – und übersehen dabei, dass die jahrzehntelang gleichbleibende künstlerische Qualität seiner Bilder die Voraussetzung seines wirtschaftlichen Erfolgs war.

Cranach jedenfalls hätten diese Einwände vermutlich nicht sehr beeindruckt. Auf seinem Grabstein in Weimar hat die herzogliche Familie deutlich gemacht, wie sich die Nachwelt an ihn erinnern soll. Dort stehen hinter dem Todesdatum und seinem Namen die Worte „pictor celerrimus".

Sie bedeuten: schnellster Maler. ◊

Die NEUEN WILD

Vielleicht ist es gerade die Allgegenwart ihres gefeierten Kollegen Dürer, die die deutschen Maler im 16. Jahrhundert zu neuen Wagnissen anstachelt: Statt sich an die auch von Dürer propagierten Regeln der Renaissance zu halten, schaffen sie oft expressive, experimentelle und provozierende Bilder – und erreichen damit eine Ausdruckskraft, die man in Deutschland so bisher nicht kannte

TEXTE: *Jens-Rainer Berg, Frank Otto und Johannes Teschner*

In seiner **»STEDELINSCHEN TISCHPLATTE«** kombiniert Martin Schaffner im Jahr 1533 Elemente der italienischen Renaissance, der Landschaftsmalerei und der mittelalterlichen Kosmologie: Er zeigt den griechischen Wissenschaftler Ptolemäus mit Frauen, die durch ihre Attribute als Allegorien auf die sieben Künste gekennzeichnet sind. Für den Hintergrund schafft er naturalistische Alpenpanoramen, setzt in das Zentrum einen gleißenden Stern, umgeben von durch Wagenlenker personifizierte Planeten

EN

Sol
Gelb sich der uberwinder klaidt
Grammatica all Künsten laidt
Sonn ist der siben zaichen liecht
Durch Gold man offt den Sonntag bricht
Wer rechter tugent woll verstan
Der soll am gute Hoffnung han

Barthel BEHAM

1502–1540

Gemeinsam mit seinem Bruder Sebald steht Barthel Beham 1525 wegen Äußerungen zur Religion und Politik in Nürnberg vor Gericht. Er hält die Bibel für bloßen Menschentand und lehnt jede weltliche Obrigkeit ab. Doch der Anarchismus verschwindet bald: Zwei Jahre nach seiner Verurteilung wegen Ketzerei arbeitet der Künstler für den Hof des katholischen Herzogs von Bayern

Obwohl er wahrscheinlich selbst nicht in Dürers Werkstatt gelernt hat, orientiert sich Barthel Beham in seinen frühen Porträts wie dem ihm zugeschriebenen **»BILDNIS EINES MANNES MIT SCHWARZER KAPPE IN DER HAND«** (um 1525) stark an dem Nürnberger Meister: So stellt er den Abgebildeten frontal und im Brustbild dar

1535 vollendet Barthel Beham das **»BILDNIS EINER 31-JÄHRIGEN DAME«**, die aufgrund ihrer Haartracht sowie des Goldschmucks als Angehörige des Patriziats oder des Münchner Herzogshofes zu erkennen ist. Der Bildausschnitt, der hinab bis zu den Hüften reicht und damit die Dargestellte vom Betrachter abrückt, ist ein oft verwendetes Stilmittel der Künstler in der Zeit nach Dürer. Der geistesabwesende Blick der Frau hingegen ist typisch für Behams Porträts

ALEXANDER M. DARIVM VLT: SVPERAT
CÆSIS IN ACIE PERSAR: PEDIT: C.M. EQVIT
VERO X.M. INTERFECTIS. MATRE QVOQVE
CONIVGE. LIBERIS DARII REG. CVM M. HAVD
AMPLIVS EQVITIB: FVGA DILAPSI. CAPTIS.

Albrecht ALTDORFER

um 1482–1538

Der Künstler aus Regensburg ist ein Meister sehr unterschiedlicher Sujets: So malt er geheimnisvolle Landschaften, die sich in einer gefährlich anmutenden Leere dehnen, erhellt von mysteriösen Lichteffekten. Darüber hinaus schafft Altdorfer mit der »Alexanderschlacht« ein gewaltiges, figurenwimmelndes Panorama, wie es kaum ein anderer Maler der Renaissance wagen würde

Es ist eines der berühmtesten Gemälde der deutschen Renaissance: 1529 malt Altdorfer **»DIE ALEXANDERSCHLACHT«**, den Sieg Alexanders des Großen über Darius III. bei Issos im Jahr 333 v. Chr. Vor einer übernatürlich wirkenden Landschaft wogen Tausende Soldaten wie ein Strom von der Stadt aus nach vorn. In der Mitte des Menschenflusses sind die beiden Heerführer auszumachen: Dort flieht der geschlagene Perserkönig auf einem Streitwagen, verfolgt vom Makedonenherrscher an der Spitze einer Reiterschar

Um 1511 fertigt Altdorfer **»DIE GEBURT CHRISTI«**, eines seiner ersten reinen Nachtstücke. Drei Hauptlichtquellen weisen auf die wichtigsten Inhalte seines Werkes hin. Das Leuchten im Osten und der aufreißende Himmel künden von der Rückkehr ins Paradies. Und das goldene Strahlen des Jesuskindes erhellt den armseligen Stall, in dem die Heilige Familie Schutz gefunden hat

Sebald BEHAM

1500–1550

Die Maler der Dürer-Zeit zeigen den nackten Menschen, um dessen Schönheit zu feiern. Manche aus der Generation ihrer Schüler aber wenden sich von den Renaissance-Idealen ab und produzieren drastische Aktdarstellungen – so auch Beham, wohl Lehrling in Dürers Nürnberger Werkstatt, den die Obrigkeit aufgrund radikaler Äußerungen wegen »Gottlosigkeit« verurteilt und aus der Stadt verbannt

Um die Fülle der Figuren in seinem Holzschnitt **»DAS FEST DER HERODIAS«** zu ordnen, komponiert Sebald Beham die zahlreichen Einzelszenen in Form eines Kreises um den Baum als Fixpunkt. Die Darstellung beginnt links unten mit einem höfischen Tanz, zeigt dann entgegen dem Uhrzeigersinn eine Tischgesellschaft, darüber Männer und Frauen beim Bad im Fluss. Schließlich folgt, winzig klein, das eigentliche Bildthema: die Hinrichtung von Johannes dem Täufer, dessen Kopf Damen zum Palast hinauftragen

Hans von AACHEN

1552–1615

Seine Malkunst bringt den Kölner Bürgersohn bis in den Adelsstand: Nach langem Aufenthalt in Italien fertigt Hans von Aachen Auftragsarbeiten – insbesondere Porträts – für den bayerischen Herzog, die Kaufmannsdynastie der Fugger und bald auch für den Kaiser Rudolf II. Der oberste deutsche Herrscher macht ihn zu seinem Kammermaler und verleiht ihm schließlich sogar aristokratische Privilegien

Kopfüber fällt der antike Gottessohn Phaeton zur Erde, nachdem er die Kontrolle über jenes Gespann verloren hat, das ihm sein Vater Apoll (rechts im Pavillon) geliehen hat. Aus Trauer über das Geschehen verwandeln sich Phaetons zwei Schwestern in Bäume. Hans von Aachen nutzt hier die natürliche Maserung der Alabaster-Platte, die ihm als Malgrund dient, um das Gewölk des Himmels zu inszenieren (**»STURZ DES PHAETON«**, um 1600)

Eher wie eine flüchtige, von wolkengleicher Spitze gerahmte Erscheinung wirkt dieses **»BILDNIS DER ERZHERZOGIN ANNA«** (1604) – denn bei seinen höfischen Porträts setzt von Aachen auf einen feineren, glatteren, fast transparenten Strich. Er malt die mögliche Eheanwärterin in Innsbruck für Kaiser Rudolf II. Auch nach Mantua, Graz und Turin wird der Künstler zur Kandidatinnenprüfung beordert

Georg FLEGEL

1566–1638

Um im wachsenden Kunstmarkt Nischen zu besetzen, spezialisieren sich etliche Maler auf ein bestimmtes Genre, produzieren etwa vornehmlich Porträts oder Landschaften. Eine in Deutschland kaum bekannte Gattung etabliert der Frankfurter Georg Flegel: Er macht das in den Niederlanden entwickelte Stillleben zu seiner Spezialität – und erlangt unter seinen Kollegen so eine Ausnahmestellung

Spätestens mit Dürer ist das scheinbar Gewöhnliche in der deutschen Kunst angekommen. Denn seit der berühmte Nürnberger Meister vermeintlich Belangloses wie Pflanzen oder Insekten in seinen Werken als Ausdruck der göttlichen Schöpfung feierte, verstehen viele seiner Landsleute Naturbetrachtungen als neuen Gottesdienst. Und kaum ein Künstler inszeniert die verehrte Flora so anmutig wie Georg Flegel (»TULPEN«, um 1630)

Oft verdeutlichen erst auf den zweiten Blick erkennbare Details Flegels Sorgfalt. Im »STILLLEBEN MIT KÄSE UND KIRSCHEN« (1635) etwa gibt er die Maserung des Holztisches genau wieder, verdoppelt Früchte und Käse mithilfe der Spiegelung im glänzenden Teller und durchbricht die ebene Fläche der Brotscheibe am rechten Rand durch einen kleinen Anschnitt, auf dem eine herbeigeflogene Libelle Platz genommen hat

Adam ELSHEIM

1578–1610

Der Frankfurter gilt als der beste deutsche Maler des 17. Jahrhunderts. Seine stimmungsvollen Landschaftsbilder, die häufig als Bühne für mythologische oder biblische Themen dienen, scheinen kaum noch etwas mit den Gemälden der Dürer-Zeit gemein zu haben. Doch auch Elsheimer, 107 Jahre nach Dürer geboren, ist beeinflusst vom Nürnberger Meister: Als Lehrling studiert er dessen Zeichnungen, schult wohl auch anhand von ihnen seine eigene Technik – und trägt das Erbe des deutschen Genies so weiter

Seine Zeitgenossen halten Elsheimer für einen Träumer: Manchmal kann man ihn dabei beobachten, wie er stundenlang unter Bäumen liegt und in den Himmel starrt. Doch was nach Müßiggang aussieht, dient seiner Kunst, die Natur so atmosphärisch wie korrekt in Szene zu setzen. In der »FLUCHT NACH ÄGYPTEN« malt er 1609 die Milchstraße, den Mond mit plastischer Oberfläche sowie Hunderte Gestirne – und schafft so den ersten naturalistischen Sternenhimmel der Kunstgeschichte ◊

ER

DAS

Menschengesichter machen ihn zum gefeierten Meister: Hans Holbein der Jüngere ist der herausragende Porträtmaler der deutschen Kunst im 16. Jahrhundert. Über Jahrzehnte fertigt er virtuose Bildnisse jener Männer und Frauen, die die politischen und religiösen Verwerfungen seiner Zeit verkörpern. Unerreicht genau und psychologisch klug zeigt er Gelehrte, Politiker, Herrscher – und das Leid seiner eigenen, zerrissenen Familie

ANTLITZ DER ANDEREN

TEXT: *Irene Stratenwerth*

Fast fotografisch exakt mutet Holbeins »**PORTRÄT DES CHARLES DE SOLIER**« an, eines französischen Gesandten (um 1534). Nie jedoch erschöpft sich die Kunst des Deutschen bloß in technisch perfekten Einzelheiten: Ihm gelingen vor allem beeindruckend lebensnahe Charakterstudien (Ausschnitt)

Gegen Mittag kommt Bewegung in die Menschenmenge, die sich, ausgerüstet mit Kanonen und Büchsen, vor dem Basler Rathaus versammelt hat. Niemand kann später sagen, ob jemand ein Signal zum Aufbruch gegeben hat, doch wie auf Befehl eilen nun 200 Männer und Frauen durch die engen Gassen vom Marktplatz den Hügel zum Münster hinauf, jener mittelalterlichen Kathedrale, die als Hochburg der Katholiken direkt über dem Rhein thront.

Kurz darauf rütteln die Ersten an dem schweren, verriegelten Portal. Holz splittert. Die Tür öffnet sich. Die Menschen drängen in die reich dekorierte Kirche, reißen Altarflügel und Heiligenbilder zu Boden, zerschmettern Kerzenständer und Statuen. Ihr Zorn richtet sich gegen kirchlichen Prunk und falsche Götzen, die vom wahren Glauben ablenken und von den Ablasszahlungen der Kirchgänger erworben werden.

Halbwüchsige Knaben schleppen ein riesiges, hölzernes Kruzifix mit dem gemarterten Jesus zum Marktplatz und grölen: „Bist du Gott, dann wehr dich! Bist du Mensch, dann blute!“ Vor dem Münster lodern erste Feuer auf, in denen hölzerne Bildtafeln und Schnitzwerk verbrennen.

„Es gab niemanden, der angesichts des bewaffneten Volkes nicht um sein Leben fürchtete“, so beschreibt der berühmte katholische Gelehrte Erasmus von Rotterdam die Ereignisse vom 9. Februar 1529 später in einem Brief an einen Freund: „Weder Kostbarkeit noch künstlerischer Wert setzten der Zerstörungswut irgendwie eine Grenze.“ Seit acht Jahren lebt der Humanist in der als liberal geltenden Stadt, in der seine Bücher ebenso gedruckt werden wie die Werke von Martin Luther.

Anders als im nahen Zürich, wo seit Jahren nur noch evangelische Gottesdienste in der Öffentlichkeit geduldet werden, hat der Basler Stadtrat im Streit zwischen Papsttreuen und Reformanhängern lange Toleranz walten lassen. Noch am 6. Januar hatte er beschlossen, dass in katholischen Kirchen immerhin noch dreimal täglich die Messe gefeiert werden dürfe, während schon längst reformierte Prediger gegen die römische Kirche wetterten, deren Götzendienst an Heiligenbildern sowie den Ablasshandel. Doch mit dieser meist gewaltlosen Koexistenz ist es jetzt vorbei.

Denn den Straßenkämpfern geht es nicht nur um religiöse Fragen, sondern auch um politische Macht: Immer noch, so klagen sie, dienten sich viele Ratsvertreter der altgläubigen adeligen Großbürgerschaft an; zudem paktiere der Bischofsklerus mit dem deutschen Kaiser. Sie fordern ein Wahlrecht für alle Zunftmitglieder und zugleich den Entzug des Stimmrechts des Bischofs – kurz: eine protestantische Demokratie.

Vom Münster aus zieht der Mob an diesem Februartag weiter zu den Kirchen St. Peter und St. Ulrich, setzt auch dort Altarschmuck und Gemälde in Flammen. Als die Aufrührer nach vier Stunden zum Marktplatz zurückkehren, versprechen die Basler Ratsherren eilends, noch am selben Tag eine Entscheidung zu treffen.

Wenig später verkünden sie: Die zwölf katholischen unter den mehr als 200 Ratsherren treten sofort zurück. Bald darauf wird es verboten, religiöse Bildwerke für Kirchen herzustellen und die römische Messe zu feiern. Basel ist fortan eine Stadt der Reformation. Randalierer und Vandalen gehen straffrei aus.

In den Freudenfeuern, die daraufhin in Basel brennen, verglüht sakrale Kunst aus vielen Jahrhunderten.

Für einen Maler aber, der nur ein paar Hundert Meter von den Schauplätzen der Krawalle entfernt wohnt, wird das kulturelle Inferno zum Startpunkt seines Aufstiegs: Ausgerechnet der reformatorische Hass gegen die kirchliche Kunst wird ihn letztlich dazu treiben, seine einzigartigen Fähigkeiten auf ein bestimmtes Genre zu konzentrieren – und ihn so zum besten und

Erst spät verewigt Holbein auch die eigene Person: Im **»SELBSTBILDNIS MIT 45 JAHREN«** (1543) wird in Kreide ein Mann sichtbar, der weniger wirkt wie ein empfindsamer Künstler, mehr wie ein bodenständiger Handwerker. Und doch: Nicht seine Hände zeigt der Maler, sondern lässt den Kopf dominieren – das passende Vermächtnis des gefeierten Porträtisten

In Basel, wo er wohl auch seine Lehre beendete, lernt Holbein den berühmten Humanisten Erasmus von Rotterdam kennen. Eine Ausgabe von dessen Schrift »Lob der Torheit« versieht der erst 18-Jährige mit kleinen humorigen Randzeichnungen: Ein Gelehrter etwa tritt in den Eierkorb einer Marktfrau, weil er sich – zu sehr in der Welt von Geist und Theorie gefangen – von der personifizierten Weisheit (im Bild links) ablenken lässt (Randzeichnung zu **»LOB DER TORHEIT«**, 1515)

einflussreichsten deutschen Porträtisten des 16. Jahrhunderts formen.

Doch erst einmal trifft auch Hans Holbein den Jüngeren der Bildersturm, denn einige seiner Werke verbrennen. Wie viele, weiß niemand genau. Nur wenige seiner frühen Arbeiten haben den Bildersturm überlebt, weil ihre Stifter sie vorsorglich aus den Kirchen in Sicherheit gebracht und versteckt haben. Denn einige seiner Zeitgenossen haben längst erkannt, dass Holbein mehr ist als ein tüchtiger und vielseitiger Handwerker: Schon jetzt, mit 31 Jahren, gehört er zu den Meistern der deutschen Renaissance, wird neben Malern wie Albrecht Dürer und Lucas Cranach d. Ä. genannt.

Noch ist er vor allem für seine religiösen Bilder bekannt, doch später werden es seine Porträts sein, in denen er unübertroffen bleibt. Denn Holbein gelingt es wie keinem vor ihm, einen Menschen auf einem Gemälde so lebensnah abzubilden, dass es scheint, als könnte man den Charakter des Dargestellten erkennen. Er wird das Bild von berühmten Männern wie Erasmus von Rotterdam oder Thomas More für die Nachwelt prägen.

Erst einige Monate vor diesem Februartag ist er aus London, wo er für den königlichen Hof gearbeitet und einige der engsten Vertrauten Heinrichs VIII. porträtiert hat, nach Basel zu seiner Familie zurückgekehrt.

Was empfindet der Künstler jetzt angesichts der schwarzen Rauchwolken über der Stadt? Was sagt er zu der Vernichtung von Altarbildern – auch seiner eigenen Gemälde –, die doch dazu vorgesehen waren, ihre Stifter lange zu überleben? Leidet Holbein unter dieser Zerstörung von Kunstwerken, oder kann er den Verlust der Bilder verschmerzen, weil er längst über neue Aufgaben nachdenkt?

So oder so wird er ahnen, dass er als Maler in Basel kaum noch eine Zukunft hat. Ohne kirchliche Aufträge kann die Stadt mit ihren 10 000 Einwohnern einen Künstler seines Ranges kaum beschäftigen.

°

HOLBEIN SELBST hat keinen Kommentar, keine einzige Zeile zu dieser Situation hinterlassen: Er ist kein Mann des Wortes. Texte oder gar kunsttheoretische Traktate hat er nicht verfasst.

Im Winter 1497/98 in Augsburg geboren, wächst er mit seinem etwas älteren Bruder Ambrosius in der Kunstwerkstatt seines Vaters Hans Holbein d. Ä. auf. Die beiden Jungen müssen mit anpacken, sobald sie dazu in der Lage sind. Täglich mischen sie Farbpigmente, bereiten Holztafeln als Maluntergrund vor, erledigen Besorgungen und Botengänge. Es ist viel zu tun.

Vater Holbein verkauft seine Bilder bis nach Frankfurt am Main. 1511 porträtiert er seine halbwüchsigen Söhne: Hans, der Junge mit dem kräftigen Rundschädel, schaut da schon so ernst und klar in die Welt, wie er es mehr als 30 Jahre später auf einem Selbstbildnis immer noch tun wird.

Bei ihrem Vater beginnen die beiden wohl auch ihre Ausbildung; jeweils vier Jahre lang erlernen sie von ihm das

HOLBEIN PRÄGT, WIE MAN SICH SPÄTER AN BERÜHMTE ZEITGENOSSEN ERINNERN WIRD

Malerhandwerk. Hans übernimmt von ihm wahrscheinlich auch die Vorliebe für das Zeichnen mit dem Silberstift. Im Winter 1515 folgt er seinem Bruder nach Basel, um dort vermutlich bei dem Maler Hans Herbst als Geselle zu arbeiten.

In der Stadt am Rhein angekommen, wo der Buchdruck prosperiert, hält Hans wohl bald erstmals ein Buch des Erasmus von Rotterdam in seinen Händen. Das „Lob der Torheit", seit 1511 schon in mehreren Verlagen erschienen, wird gerade in Basel neu aufgelegt, in lateinischer Sprache. Im Verlauf weniger Jahre werden mehrere Tausend Exemplare verkauft – ein erster Bestseller des Buchdrucks.

Ein Verehrer des Erasmus, der den Holbein-Brüdern Lateinunterricht erteilt, bittet die beiden, sein persönliches Exemplar mit Randzeichnungen zu versehen, und übersetzt ihnen die wichtigsten Passagen. Die entscheidende These des Buchs lautet: Die menschliche Erfahrung ist eine wertvollere Quelle der Erkenntnis als jede theoretische Studie; zudem lässt die Torheit den Einzelnen seine Existenz leichter ertragen.

Innerhalb von zehn Tagen liefert Hans 79 Illustrationen, sein Bruder Ambrosius schafft in der gleichen Zeit drei Zeichnungen. Die Bebilderung durch den 18-jährigen Hans verblüfft durch Fantasie, Witz und ein tiefes Verständnis des ironischen Textes.

Mit jedem seiner Bilder erzählt er eine kleine Geschichte. Etwa diese: Ein Gelehrter tritt in den Eierkorb einer Marktfrau, weil er nicht auf die Welt vor seinen Füßen achtet. Oder: Ein Esel singt zu einer Harfe – um, wie so mancher Prediger, den banalen Inhalt durch seinen feierlichen Vortrag aufzuwerten. Oder: Ein starker Mann scheitert daran, einem Pferd den Schweif auszureißen, dem Schwachen aber gelingt es, weil er jedes Haar einzeln entfernt.

Das Talent des jungen Hans Holbein fällt den Reichen und Mächtigen in Basel bald auf. Bereits 1516, noch als Geselle, porträtiert er den neuen Bürgermeister der Stadt Jakob Meyer zum Hasen und dessen Frau.

Meyer ist ein Emporkömmling: ein Immobilienspekulant und Geldwechsler, der sich in die bessere Basler Gesellschaft eingekauft hat. Und so wirkt auch sein Bildnis: Ehrgeizig richtet Meyer den Blick über den Bildrand hinaus nach oben, während seine Ehefrau ihn stolz und gleichzeitig skeptisch fixiert, als wolle sie ihren Mann unter Kontrolle halten.

Obwohl er sich schon bald auf Porträts spezialisiert, fertigt Holbein auch Gemälde mit religiösen Themen. In der **»DARMSTÄDTER MADONNA«** von 1526 verbinden sich Heiligendarstellung und profanes Bildnis: Zu Füßen Marias gruppiert sich die Familie von Jacob Meyer zum Hasen, einem ehemaligen Bürgermeister Basels, der sich zehn Jahre zuvor gemeinsam mit seiner Gattin von Holbein hat malen lassen

Holbein erfüllt seinen Auftrag mit größter Sorgfalt, skizziert die Gesichter des Paares zunächst mit Silber- und Rötelstiften, bevor er ihre Porträts auf zwei Lindenholztafeln malt. Meyers Nase fällt dabei zwar etwas gefälliger aus als im ersten Entwurf. Doch ansonsten schönt Holbein das Paar nicht, sondern charakterisiert seine spannungsvolle Beziehung, das unentwegte Streben des Mannes nach Macht und die latente Unzufriedenheit seiner Frau.

Schon mit seinem ersten Porträtauftrag zeigt Holbein, was stets seine unnachahmliche Stärke ausmachen wird: die Lebensnähe, mit der er die Züge und Charaktere der Abgebildeten zu erfassen scheint.

A

Ab 1519 etabliert er sich immer mehr in Basel, wird als Meister in die Zunft der Maler aufgenommen und gründet eine Familie. Er heiratet Elisabeth Binzenstock, die Witwe eines Gerbers, ein paar Jahre älter als er, die einen Sohn mit in die Ehe bringt. Wenig später erhält er das Bürgerrecht der Stadt. Und Holbein hat viel zu tun: Er übernimmt Buchillustrationen, Aushängeschilder, etwa für einen Messerschmied, zeichnet Entwürfe für Grafiken und Glasfenster.

Bald beschäftigt er in seiner Werkstatt wohl auch einige Angestellte. Die Basis seines zunehmenden geschäftlichen Erfolges ist die künstlerische Experimentierfreude, Holbein sucht in jedem Genre seinen eigenen und neuen Stil.

So entwirft er für das Haus eines Goldschmieds, das spitzwinklig an der Ecke einer Altstadtgasse liegt, mithilfe perspektivischer Tricks eine fantastische Architektur aus Säulen, Rundbögen und Laubengängen und erzeugt damit – entgegen allen Regeln der traditionellen Fassadenbemalung, die ein Gebäude schmücken und sich dabei seiner Beschaffenheit anpassen soll – die Illusion eines verschachtelten Prachtbaus. Spielende Kinder, Hunde, Pferde und tanzende Bauern wimmeln über die Wand.

Wenig später entsteht für ein Gedenkmal der Familie Amerbach in der Basler Kartause sein tieftrauriger, erschreckend realistischer „Leichnam Christi" auf einer zwei Meter breiten, nur 30 Zentimeter hohen Lindenholztafel. Das extreme Querformat zeigt einen einsamen Toten in seinem kalten Grab: Der Körper ist abgemagert und von schwärenden Wunden gezeichnet, die halb offenen, nach oben gedrehten Augen starren ins Leere, Hände und Füße sind durch die beginnende Verwesung schwarzgrün angelaufen. Um den Verfall naturgetreu zu veranschaulichen, hat Holbein zuvor Leichen studiert.

Er gehört zu den ersten Künstlern, die Christus als einen Toten darstellen, dessen Körper der Verwesung unterliegt.

Und mehr noch: Kein anderer Maler hat je den vom Kreuz abgenommenen Jesus derart beengt und scheinbar greifbar in seiner düsteren Grabkammer dargestellt – nicht nur für Holbeins Zeitgenossen ein erschütternder Anblick.

So erleidet der russische Dichter Fjodor Dostojewski 1867 bei der Betrachtung des Bildes beinahe einen epileptischen Anfall und bemerkt später, es habe die Macht, den christlichen Glauben zu zerstören.

Die Basler Stadtoberen schätzen Holbein wohl gerade wegen seines Wagemuts: Schon 1521 beauftragen sie ihn mit der Ausmalung des Rathaussaales für den Großen Rat. Doch der junge Familienvater – inzwischen ist sein erstes Kind geboren – gerät mit den Ratsherren in Streit über die Höhe seines Honorars und bricht die Arbeit ab, obwohl sie nach Auffassung des Rates bereits voll bezahlt ist.

Holbein scheint ein Hitzkopf zu sein. Schon in Luzern, wo er 1517 eine Hausfassade bemalte, wurde er wegen einer Messerstecherei zu einer Geldstrafe verurteilt.

Um 1523 trifft er Erasmus von Rotterdam. Der Gelehrte hat ein paar Jahre zuvor ein Porträt von sich bei Albrecht Dürer bestellt, doch offenbar hat der Meister aus Nürnberg Wichtigeres zu tun, jedenfalls wartet Erasmus noch immer darauf.

Wahrscheinlich gewährt der Denker nun Holbein mehrere Porträtsitzungen. Und so gelingt dem Maler ein intimes, lebendiges und entspannt wirkendes Bildnis; fast hat es den Anschein, als schaue man dem Humanisten bei der Arbeit über die Schulter.

Den Händen des Erasmus widmet sich der Maler dabei mit besonderer Sorgfalt: Er fertigt für sie, einzig in diesem Fall, vorbereitende Skizzen an. Auf die Hände – von denen eine die Schreibfeder, die andere den Papierbogen hält – richtet der Gelehrte im Gemälde dann auch seinen Blick: Er arbeitet an einem Kommentar zum Markus-Evangelium.

Nicht sein Gesicht, das nur im Profil zu sehen ist, sondern seine Tätigkeit als Schriftsteller rückt das Bildnis damit ins Zentrum der Aufmerksamkeit. Erasmus selbst wirkt zerbrechlich, seine Stärke zieht er aus seiner geistigen Arbeit, in die er völlig versunken ist.

In mehreren Ausführungen und zahllosen Kopien werden Holbeins Erasmus-Bildnisse in ganz Europa verbreitet, entwickeln sich zum Markenzeichen des Humanisten – und steigern damit nicht nur dessen Ruhm, sondern auch den seines Porträtisten.

Für Holbein kommt der prestigeträchtige Auftrag keinen Tag zu früh: Er braucht dringend neue Klienten, da seine Lage in Basel zunehmend prekär wird. Denn aus den ersten Basler Kirchen werden im Zuge der Reformation Bilder entfernt – die Gläubigen sollen sich in weiß gekalkten Räumen allein

DIE REALITÄTSNÄHE IST DIE STÄRKE DES KÜNSTLERS. ABER MANCHMAL AUCH DIE BEWUSSTE ILLUSION

auf das Wort Gottes konzentrieren. Religiöse Werke sind in der Stadt kaum noch gefragt.

Und so entschließt sich Holbein 1526, es in England zu versuchen. Denn die führenden Künstler am dortigen Hofe kommen traditionell aus dem Ausland. Zudem, so hofft er, kann ihm seine Verbindung zu Erasmus dort behilflich sein. Der Humanist hat lange in London gelebt, pflegt eine enge Freundschaft mit dem Gelehrten Thomas More, der wiederum zum engsten Beraterkreis des englischen Königs gehört.

Erasmus gibt dem jungen Maler ein Empfehlungsschreiben mit, in dem er ihn rühmt und auf dessen schwierige Lage hinweist: In Basel, so Erasmus in dem Brief, „frieren die Künste". Deshalb hoffe Holbein, in England „einige Goldmünzen zusammenkratzen" zu können, wie der Gelehrte sarkastisch hinzufügt.

Elisabeth Holbein bleibt mit den Kindern zurück – sie ist erneut schwanger. Reisen ist strapaziös und teuer. Zudem ist das Leben in London gefährlich: Immer wieder grassieren dort Seuchen, die Kindersterblichkeit ist hoch.

IM DEZEMBER 1526 erreicht Holbein die englische Metropole. Was für ein Gedränge und Gewimmel in den Gassen! Wie dreckig es hier ist und wie laut! In London leben mehr als 50 000 Menschen, gut fünfmal so viele wie in Basel, und Jahr für Jahr strömen Tausende mehr auf der Suche nach Arbeit und Brot hierher.

Wie soll sich ein Mann, der die Sprache der Einheimischen nicht beherrscht, in diesem Moloch zurechtfinden? Doch Thomas More nimmt sich des Künstlers an, quartiert ihn in seinem Haus in Chelsea ein und lässt sich von Holbein porträtieren.

Der Maler skizziert seinen Entwurf mit weichen Kreiden, versieht ihn mit winzigen Nadelstichen und paust die Umrisse dann auf eine Eichentafel durch. Schon mit dem ersten Londoner Auftrag demonstriert Holbein selbstbewusst seine technische Perfektion: Stoffe, Pelzkragen und Brokat wirken so prachtvoll und realistisch, wie man es sonst nur von den niederländischen Meistern kennt.

Mit starken Farbkontrasten – leuchtend rote Ärmel, ein knallgrüner Vorhang – erzeugt Holbein höchste Aufmerksamkeit für den Mann, dessen prunkvolle Amtskette auf seine politische Macht hinweist. Der Gesichtsausdruck des katholischen Rechtsgelehrten ist ernst, gesammelt und introvertiert. More gilt als bescheidener Mann, und das sieht man seinem Porträt an.

Der Auftraggeber ist begeistert von seinem Bildnis. Er bestellt bei Holbein ein Porträt seiner gesamten Familie – und verhilft ihm Anfang 1527 sogar zu einem Auftrag am königlichen Hof: Zur Unterzeichnung eines Friedensvertrages zwischen England und Frankreich werden eigens Festgebäude errichtet, und Holbein soll sie mit zwei möglichst spektakulären Gemälden schmücken – einer Weltkarte an der Decke eines Theaters und einem Schlachtengemälde auf einem Triumphbogen.

Nach kaum zwei Monaten in England steht er bereits im Dienste des Königs! Das ist mehr, als sich der frisch eingetroffene Künstler erträumen durfte. Die Arbeit bringt ihm nicht nur ein gutes Honorar, sondern beste Verbindungen zu den höchsten Angestellten des Hofes. Viele von ihnen lassen sich und ihre Ehefrauen nun von Holbein porträtieren.

Im August 1528 kehrt er nach Basel zurück. Er kauft von seinen Londoner Honoraren ein schmales Wohnhaus nördlich der Altstadt direkt am Rhein. Seine kleine Tochter Katharina sieht er jetzt zum ersten Mal, dabei ist sie schon anderthalb.

Das Familienporträt, das in jenen Monaten entsteht, zeigt keine Wiedersehensfreude, sondern eine traurige Frau mit rot geränderten Augen. Elisabeth ist inzwischen Mitte dreißig, der gemeinsame Sohn Philipp etwa sechs. Sie wirkt

Wagemut in Format und Inhalt: Schon das extreme Querformat von **»DER TOTE CHRISTUS IM GRAB«** (1521) ist kühn. Radikaler noch aber scheint das Dargestellte: Erstmals zeigt ein Künstler den Leichnam des Gottessohns mit offenen, erloschenen Augen und derart eingepfercht in eine kalte Gruft. Das drastische Werk erschüttert die zeitgenössischen Betrachter

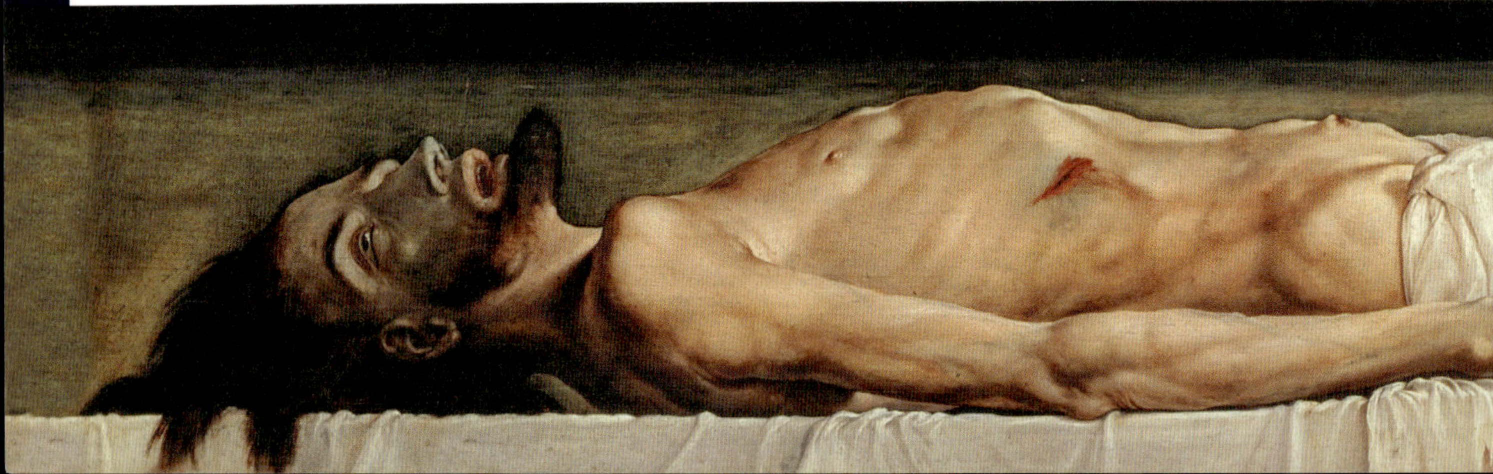

tief erschöpft und zermürbt. Auch die beiden Kinder sehen bedrückt aus. Ernst blickt seine Tochter Katharina zu einem unsichtbaren Gegenüber – möglicherweise Holbein selbst.

Das Bild ist auf mehrere zusammenmontierte Papierbögen gemalt und auf Holz geklebt. Die Komposition war ursprünglich größer, wahrscheinlich hat sich auch der Maler auf der rechten, heute fehlenden Bildhälfte selbst porträtiert. Wer das Gemälde verkleinerte und Teile davon entfernte, ist unbekannt; in jedem Fall ist es, neben Holbeins Gruppenbildnis der Familie von Thomas More, das erste private Familienporträt in der Geschichte der Malerei.

Holbein richtet seinen schonungslosen Blick auch auf seine engsten Verwandten – er malt sie, wie er sie sieht. Und spiegelt damit die unglückliche Situation, in der sich die Familie nach seiner Rückkehr befindet.

Denn im Februar 1529 entladen sich die religiösen Konflikte in Basel im Bildersturm, stürmt der Mob die Kirchen und zwingt den Stadtrat zum Einlenken. Zum 1. April 1529 wird Basel offiziell „reformiert“: Wer ein öffentliches Amt ausübt, muss ein Bekenntnis zur evangelischen Religion ablegen. Überzeugte Katholiken wie Erasmus und manche ehemaligen Ratsherren ziehen nun in das katholische Freiburg.

Der Basler Rat versucht, Holbein trotz allem in der Stadt zu halten, zahlt ihm ein gutes Honorar für die – eigentlich ja bereits abgegoltene – Fertigstellung der Wandmalerei im Rathaus und beauftragt ihn mit ein paar Restaurierungsarbeiten. Doch viel mehr ist für den Künstler in der Stadt nicht zu tun: Die Protestanten haben keinen Bedarf an prunkvollen Altargemälden, und zahlreiche reiche Bürger, die ihm Aufträge erteilen könnten, haben die Stadt nach dem Bildersturm verlassen. Dennoch bleibt er vorerst. Elisabeth bringt zwei weitere Kinder zur Welt, und 1531 vergrößert er seinen Grundbesitz um ein kleines Nachbarhaus.

Anfang 1532 aber scheint es endgültig nicht mehr weiterzugehen: Holbein fährt nach Freiburg zu Erasmus, lässt sich ein neues Empfehlungsschreiben für London ausstellen und macht sich abermals auf die Reise in die englische Metropole.

D

Doch als er im Sommer 1532 dort ankommt, haben sich auch in England die Verhältnisse gründlich geändert. Noch wenige Jahre zuvor hat König Heinrich VIII., ein überzeugter Katholik, Übersetzungen des Neuen Testaments ins Englische öffentlich verbrennen, Anhänger Luthers verhaften lassen. Doch jetzt wendet der Herrscher sich von der päpstlichen Oberhoheit in Rom ab.

Seine Motive sind dabei weder religiös noch sozial: Vielmehr will sich Heinrich von seiner aus Spanien stammenden, katholischen Gattin Katharina trennen und die englische Adelige Anne Boleyn heiraten. Leidenschaftlich ist er in die 16 Jahre Jüngere verliebt. Und er erhofft sich von ihr endlich einen männlichen Thronfolger, denn seine drei Söhne mit Katharina sind alle kurz nach der Geburt gestorben.

Jahrelang haben seine Diplomaten mit der Kurie in Rom über eine Aufhebung von Heinrichs erster Ehe verhandelt, doch der Papst weigert sich, die Verbindung zu annullieren. Daraufhin beschließt der König, sich selbst zum Oberhaupt einer neuen – englischen – Kirche zu ernennen, die sich zunächst aber noch an den katholischen Riten orientieren wird. Im Mai 1532 unterwirft sich der Klerus im Land seinem Willen. Thomas More aber bleibt dem Papst treu und tritt von seinem Amt als Kanzler des Königs zurück.

Und Hans Holbein? Viele seiner alten Verbindungen zum Hof sind plötzlich nichts mehr wert. Wenn er in London nicht gleich ins Abseits geraten will, muss er fortan den Kontakt zu Thomas More meiden. Er braucht andere Auf-

DAS SCHOCKIERENDE CHRISTUSBILD BRINGT HOLBEIN **RUHM** – ABER ER BRAUCHT NEUE AUFTRÄGE

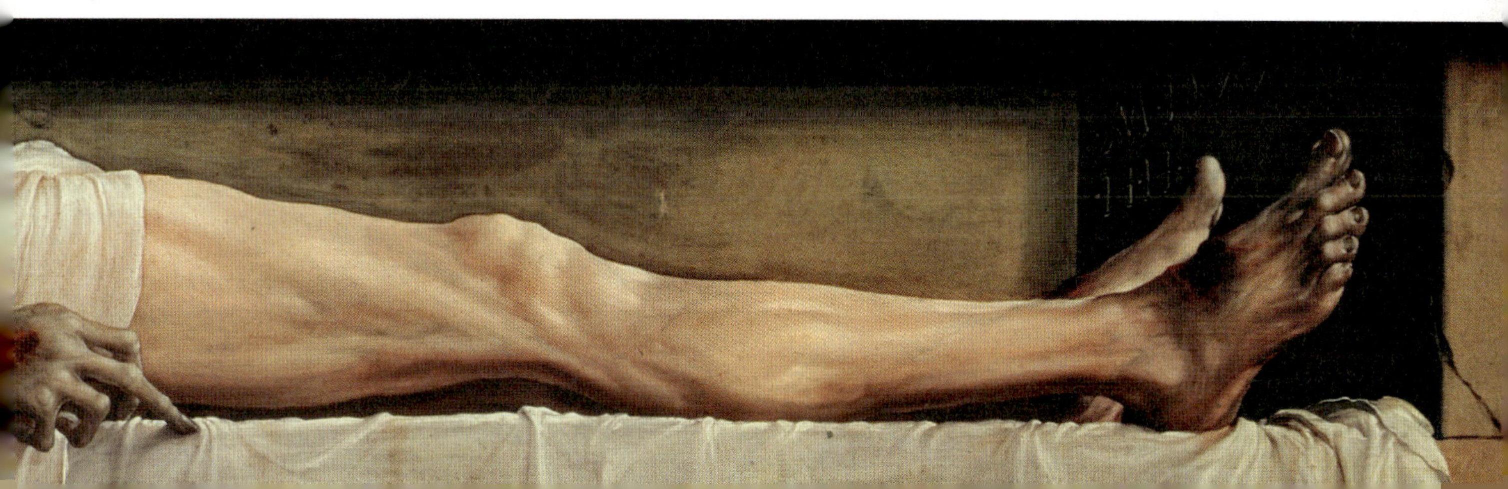

1522 geht Holbein nach London. In der englischen Kapitale sucht er die Nähe der deutschen Hanse-Kaufleute. Einige bestellen bei ihm repräsentative Gemälde, so dieser Händler, in dessen Bildnis der Maler 1532 nicht nur Antlitz und Gewand mit großem Realismus festhält, sondern auch zahlreiche Gegenstände, die Erfolg, Weltgewandtheit und Bildung suggerieren (**»DER KAUFMANN GEORG GISZE«**)

traggeber, einen neuen Zugang zum königlichen Hof. Beides wird er schon bald inmitten der Stadt finden.

Im Stalhof, einem Gebäudekomplex direkt an der Themse, leben und arbeiten seit Jahrhunderten die Kaufleute der Hanse. Die Mitglieder dieses mächtigen, überseeischen Handelsverbandes importieren unter anderem Salz, Wein oder Holz vom europäischen Festland. Es ist eine deutsche Enklave, deren Tore jeden Abend um neun fest verschlossen werden. Bis vor Kurzem standen die wohlhabenden Händler – zu Recht – in dem Verdacht, Schriften der Reformatoren in Stoffballen und Fässern ins Land zu schmuggeln, kam es in ihren Kontoren wiederholt zu Razzien.

Doch jetzt, da sich der König vom Papst losgesagt hat, wird der Stalhof zum Umschlagplatz für geheime Botschaften und Geschenke für verbündete europäische Herrschaftshäuser; die deutschen Händler arbeiten aufgrund ihrer Sprachkenntnisse und Verbindungen auch als Übersetzer und Diplomaten für den englischen König.

Holbein mietet sich ganz in der Nähe ein, findet schnell Zugang zu seinen Landsleuten. Erste Porträts werden bei ihm bestellt: als Schmuck für die Wände der Gildehalle, dem Versammlungsort der wohlhabenden deutschen Kaufmänner im Stalhof.

Wie befreit arbeitet der Künstler nun, jedes scheinbar beiläufig platzierte Detail gibt er mit größter Perfektion wieder. Das Bildnis des Hanse-Kaufmanns Georg Gisze etwa stattet er verschwenderisch mit Symbolen von Macht und Besitz aus: einer Waage, Münzen, einem Handstempel und vielen Briefen, die wie zufällig auf dem Tisch liegen oder an der Wand festgesteckt sind.

Ungewöhnlich oft, nämlich sieben Mal, ist der Name des Händlers in verschiedenen Sprachen auf Briefumschlägen und Schriftstücken verzeichnet, was ihn als gefragten und gebildeten Mann charakterisieren soll.

Ebenso andeutungsvoll setzt Holbein die Symbolkraft von Objekten beim Doppelporträt der französischen Diplomaten Jean de Dinteville und Georges de Selve ein, einem seiner Meisterwerke.

Die beiden Männer stehen auf einem ornamentierten Fußboden, den es in ähnlicher Musterung nur im Altarraum der Westminster Abbey gibt. Entspannt lehnen sie links und rechts an einer Etagere, auf der Gegenstände lagern, die Musik, Arithmetik, Geometrie und Astronomie symbolisieren.

Eine Laute liegt auf diesem kleinen Regaltisch neben einem aufgeschlagenen lutherischen Gesangbuch, ein Erdglobus weist das Schloss Polisy – den Herrschaftssitz eines der beiden Gesandten – als bedeutende Hauptstadt aus. Auf der oberen Fläche ist neben Winkelmessgeräten ein zylinderförmiger Himmelskalender zu sehen, der auf den 11. April 1533 datiert.

Diese Huldigung an den wissenschaftlichen Fortschritt, den die jungen französischen Diplomaten lässig präsentieren, wird freilich gebrochen durch ein Bildnis des Todes, das man erst auf den zweiten Blick wahrnimmt.

Schräg zwischen den Füßen der Männer erscheint merkwürdig verzerrt die Darstellung eines übergroßen Totenschädels, der nur dann richtig zu erkennen ist, wenn der Betrachter seinen Blickwinkel ändert.

Die ungewöhnliche Idee stammt wohl von Holbein: Je nachdem, aus welcher Perspektive man das Bild betrachtet, triumphieren die menschliche Schaffenskraft, die Forschung und Kunst – oder der Tod.

Als Nächstes bestellen die Hanse-Kaufleute zwei riesige Wandgemälde für ihre Gildehalle, auf denen der Triumphzug des Reichtums gezeigt wird: Die glücklichen Wohlhabenden werden in ihrem Erfolg bedroht von der Rachegöttin Nemesis, während der Karren der Mittellosen am Baum der Hoffnung und des Fleißes einfach vorbeifährt.

°

SPÄTESTENS DAMIT fällt Holbein einem Mann auf, der als Diplomat im Stalhof ein- und ausgeht und gerade dabei ist, zum engsten Berater des Königs aufzusteigen: Thomas Cromwell ist ein raffinierter Stratege, der um die Bedeutung künstlerischer Propaganda weiß. Der kühle Exsöldner und erfolgreiche Tuchhändler hat vor Heinrichs Abfall von Rom rechtzeitig die Seiten gewechselt,

Ein englischer Adeliger hält um die Hand einer Dame an – mit diesem Bild von Holbein. Das Ansinnen des **»SIMON GEORGE OF CORNWALL«** (um 1537) wird dabei durch die rote Nelke in seiner Hand symbolisiert. Die Virtuosität Holbeins sowie einflussreiche Fürsprecher verschaffen ihm schnell Zugang zu höchsten Kreisen

Forscher und Mächtige schätzen Holbeins Talent, so **»ERASMUS VON ROTTERDAM«** (r.) oder der lothringische **»HERZOG ANTON DER GUTE«**. Englands König Heinrich VIII. hilft der Maler gar bei der Brautschau, indem er Bilder von Kandidatinnen anfertigt. Von der leibhaftigen **»ANNA VON KLEVE«** ist der Monarch aber enttäuscht – so viel schöner fand er ihr Bildnis

ist aus seinem Dienst bei einem Kardinal zum König übergelaufen und lässt bald ohne Skrupel Klöster zerschlagen und Katholiken dem Schafott zuführen.

Zunächst lässt sich Cromwell selbst von Holbein porträtieren. Gut möglich, dass er den Künstler auch mit der Zeichnung „Salomon und die Königin von Saba“ beauftragt, die kaum verhohlen eine politische Botschaft in sich trägt. Das kleine Blatt zeigt König Salomon, der die Huldigungen der Königin und ihrer Gefolgschaft empfängt – und das Besondere: Der legendäre Monarch, laut der Bibel einst der Herrscher Israels, sieht Heinrich VIII. ungemein ähnlich.

„Gepriesen sei der Herr, dein Gott, der gewollt hat, dich auf seinen Thron zu setzen“, steht auf der Zeichnung über dem König. Ende 1534 hat das Parlament den Act of Supremacy verabschiedet, der Heinrich VIII. endgültig alle Machtbefugnisse über die Kirche von England einräumt. Vermutlich macht Cromwell diese Miniatur, die Heinrichs politischen Sieg zum epochalen Triumph überhöht, dem Herrscher ein paar Wochen später zum Geschenk.

Während sein einstiger Förderer Thomas More inzwischen in den Tower gesperrt worden ist, weil er sich weigert, einen Eid auf die Oberhoheit von Heinrich VIII. über die englische Kirche abzulegen – ein Gelöbnis, das jeder Bürger Englands leisten muss –, rückt Holbein durch Cromwell immer näher an den Hof. Häufig liefert er den königlichen Goldschmieden fortan Entwürfe für Broschen und Geschirr.

Doch den lang ersehnten Aufstieg verdankt er wohl weniger dem Kunstverstand des Königs als dem politischen Kalkül seines Förderers Cromwell, der den Maler als Propagandisten braucht. Und spätestens 1536, keine zehn Jahre nach Holbeins erstem Auftrag am Hofe Heinrichs VIII., schafft Cromwell es tatsächlich, den Deutschen als einen offiziellen Hofmaler des englischen Herrschers einzusetzen.

Von nun an wird Holbein auf der königlichen Gehaltsliste geführt, verdient 30 Pfund pro Jahr, etwa so viel wie ein mittelständischer Kaufmann.

Und noch im selben Jahr steht der Maler dem Monarchen, einem der mächtigsten Männer seiner Zeit, persönlich gegenüber: Eine einzige Sitzung muss ihm wahrscheinlich genügen, um dessen Konterfei zu erschaffen, das er danach für verschiedene Werke verwenden wird.

°

EINES DER GEMÄLDE ist noch im Original erhalten. Es ist nur 24 Zentimeter hoch und 14 Zentimeter breit und zeigt den massigen Oberkörper des Herrschers, der die winzige Bildfläche zu sprengen scheint; Heinrich kneift die Lippen zusammen, und aus dem harten Gesicht mit den flachen Wangen blicken seine Augen herrisch und kühl.

Das Porträt schmeichelt dem König nicht, dennoch muss es ihm gefallen haben – vielleicht, weil er durch die kantigen Farbflächen wie auf ewig in seiner Machtposition festgezurrt wirkt und der

Auch **»CHRISTINA VON DÄNEMARK, HERZOGIN VON MAILAND«**, mit 16 Jahren bereits verwitwet, zählt zu jenen europäischen Adelsfrauen, die Heinrich VIII. als neue Gattin an seiner Seite erwägt. Holbein soll sie 1538 zur optischen Prüfung malen. Der König ist begeistert von ihrem Abbild, doch Christina lehnt seine Avancen ab: Es hat sich herumgesprochen, dass das Leben mit dem Monarchen, der seine zweite Frau Anna Boleyn hat hinrichten lassen, gefährlich ist

mit dem besonders teuren Ultramarinblau ausgemalte Hintergrund das Bild zu einer Kostbarkeit macht.

Vermutlich lässt Heinrich schon bald andere Künstler Holbeins Werk nachmalen, um die Kopien als Geschenke an europäische Fürstenhäuser zu verschicken. Es ist der stolze Gruß eines Monarchen, der sich als unangefochtener Herrscher präsentiert.

Und der doch um das Fortbestehen seiner Dynastie bangen muss. Denn seine Gattin Anne Boleyn hat im Januar 1536 eine Fehlgeburt erlitten und der König wieder einmal den sehnlichst erwarteten männlichen Thronfolger verloren. Nun will er die Frau, für die er vor ein paar Jahren den Bruch mit Rom vollzogen hat, ebenso loswerden wie zuvor seine erste Gattin.

Am 19. Mai 1536 lässt er Anne Boleyn wegen angeblicher ehelicher Untreue enthaupten, im selben Monat heiratet der König erneut: Seine Braut Jane Seymour ist fast 20 Jahre jünger als er. Dass aus der strahlenden Königin Anne Boleyn eine vermeintliche Verbrecherin wurde, ist das Ergebnis einer Intrige, die Thomas Cromwell eingefädelt hat (die Vorwürfe sind aller Wahrscheinlichkeit nach erfunden).

Mit seiner dritten Frau will Heinrich sich nun auch in seiner repräsentativen Residenz in London verewigen

EIN EINFLUSSREICHER RATGEBER DES MONARCHEN ENGAGIERT DEN DEUTSCHEN ALS PROPAGANDISTEN

Bei dem Bild **»DIE GESANDTEN«**, einem Doppelporträt der beiden französischen Adeligen Jean de Dinteville und Georges de Selve, nutzt Holbein 1533 erneut Gegenstände zur Charakterisierung: Himmelsglobus und Sonnenuhr repräsentieren das Interesse an der Astronomie, die Laute den Sinn für Musik. Aus dem realistischen Tableau fällt jedoch ein übergroßer, verzerrter Schädel heraus – Symbol für die Allgegenwart des Todes

lassen. Dem königlichen Angestellten Holbein fällt dabei eine wichtige Aufgabe zu: Er entwirft ein Wandgemälde für einen privaten Empfangsraum des Monarchen. Es zeigt den König, seine neue Gattin und seine Eltern.

Doch das Familienglück, welches das Bild postuliert, hält im wirklichen Leben nicht lange. Zwar schenkt Jane Seymour ihrem Mann im Oktober 1537 endlich einen Sohn. Zwölf Tage nach der Geburt aber stirbt sie im Kindbett.

Sofort beginnt Cromwell, nach einer neuen Frau für Heinrich zu suchen. Eine schnelle Wiederverheiratung ist nicht nur aufgrund des Alters des Königs wichtig; sie bietet auch Gelegenheit zur machtpolitischen Verbindung mit einem europäischen Herrscherhaus.

Mit großer Sorgfalt lässt Cromwell mehrere Kandidatinnen sichten. Die erste Wahl fällt auf Christina von Dänemark, 16 Jahre alt, aber bereits verwitwete Herzogin von Mailand, die als ebenso kluge wie schöne junge Frau gilt. Der König will möglichst schnell ein realistisches Porträt von ihr sehen und schickt seinen Hofmaler Holbein im März 1538 nach Brüssel, wo Christina sich im Palast ihrer Tante aufhält.

Nach einer dreistündigen Sitzung reist der Künstler sofort zurück und präsentiert sechs Tage später dem König eine Porträtskizze. Heinrich VIII. reagiert euphorisch auf den Anblick seiner potenziellen Braut.

Zum ersten Mal seit dem Tod Jane Seymours zeigt er sich gut gelaunt, lässt seine Musiker aufspielen und richtet ein Festessen aus.

Das 1,20 Meter hohe Bildnis, das Holbein anschließend auf eine Eichentafel malt, zeigt die junge Witwe ganz in Schwarz gekleidet vor einem schlichten Hintergrund. Ihr Blick wirkt offen und jugendlich, ein leichtes, etwas geheimnisvolles Lächeln umspielt ihre Lippen.

Von der Begeisterung des Königs lässt sich Christina allerdings nicht anstecken, sie lehnt seinen Antrag nach einiger Bedenkzeit ab. Denn in ganz Europa hat sich herumgesprochen, dass das Leben an der Seite Heinrichs VIII. gefährlich ist. Nur wenn sie zwei Köpfe hätte, würde sie einen für den englischen Monarchen aufs Spiel setzen, lässt sie Heinrich ausrichten.

Und so wird Holbein erneut ausgeschickt, um weitere Eheanwärterinnen in Augenschein zu nehmen, diesmal in Frankreich.

Der Maler verbindet die Reise mit einem Besuch in Basel. Sechs Jahre war er nicht mehr dort, doch noch immer genießt er die Bürgerrechte der Stadt. Seine Zunft hat einfach so getan, als wäre Holbein nicht fortgereist, hat ihn zweimal zum Waffendienst einberufen und geflissentlich übersehen, dass er nicht angetreten ist.

Vertreter der Stadt empfangen den nunmehr so erfolgreichen Maler mit einem Bankett. Holbein gefällt sein Auftritt; in edlen Kleidern aus Samt und Seide geht er durch die Stadt und schwärmt davon, wie effizient der englische König sein Inselreich regiere.

Und Holbeins Familie? Elisabeth und die Kinder hat er vor sechs Jahren zuletzt gesehen. Die Jüngsten, Jakob und Küngold, kennen ihren Vater kaum. Ihre Mutter ist inzwischen Mitte vierzig, hat fünf Kinder geboren und weitgehend allein großgezogen. Nun hilft auch nicht, dass ihr Gatte sie mit teuren englischen Schmuckbechern und Silberlöffeln beschenkt – Elisabeth hat vermutlich schon jeden Glauben verloren, dass die Familie noch einmal zusammenfinden könnte.

In einem der folgenden Jahre wird sie das Familienbild der Holbeins verkaufen, das später zerschnitten wird. Eines der ersten privaten Familienporträts in der Geschichte der Malerei zeugt davon, wie eine Familie zerbricht.

IM HERBST 1538 reist Holbein wieder ab, mit einem großzügigen Angebot von Basels Stadtrat als Sicherheit: Sollte er innerhalb von zwei Jahren aus England zurückkehren und fortan in Basel arbeiten, würde er eine Pension von 50 Gulden erhalten – auf Lebenszeit. Es wäre eine Existenzgrundlage für die vielköpfige Familie, doch der Maler wird die Offerte nie in Anspruch nehmen.

In London ist die Situation bei Holbeins Rückkehr immer noch prekär: Nach wie vor ist keine Braut für Heinrich VIII. gefunden.

Und außenpolitisch gerät England zunehmend in die Isolation, da der französische König Franz und der deutsche Kaiser Karl V. – die sich über Jahre erbittert bekriegt hatten – einen Waffenstillstand geschlossen haben und der Papst nun darauf drängt, den englischen Ketzerkönig aus dem Amt zu jagen.

Für England wäre es daher taktisch klug, Heinrich VIII. mit einem papstkritischen deutschen Fürsten zu verbinden – und so mit einem Teil des Reiches von Karl V. Thomas Cromwell, weiterhin mit der Suche beauftragt, wählt Herzog Wilhelm V. aus, der seit Kurzem das Herzogtum Jülich-Kleve am Niederrhein regiert und zwei Schwestern im heiratsfähigen Alter hat.

Zunächst reisen Botschafter nach Frankfurt am Main, wo sie mit den Deutschen über die Heiratspläne ihres Herrn verhandeln und Erkundigungen über die zukünftige Braut einholen.

Heinrich aber will sich nicht allein auf deren Berichte verlassen, sondern ein Bild der Auserwählten sehen. Und ausdrücklich nicht das schmeichelhafte Porträt eines deutschen Hofmalers: Der König besteht auf den unbestechlichen

VIELE VERTRAUTE DES KÖNIGS MÜSSEN STERBEN. DER SCHONUNGSLOSE MALER ABER ÜBERLEBT

Blick des geschätzten Holbein. Im Sommer 1539 macht der sich auf den Weg.

Anna von Kleve spricht zwar Latein, aber weder Englisch noch eine andere Fremdsprache. Sie kann nicht singen, nicht tanzen, ist allenfalls tüchtig in Handarbeit und gilt als wenig gewandt. Auf all das werden die Botschafter den jähzornigen König aber nur sehr vorsichtig hinweisen.

Holbein ist wahrscheinlich der Einzige, der sich mit Anna in ihrer Muttersprache unterhalten kann – und einer der wenigen Abgesandten des Königs, die die junge Frau überhaupt zu Gesicht bekommen. Was er über die künftige Braut erfährt, kann er seinem König aber nicht direkt sagen, sondern nur durch sein Gemälde zeigen. Und offenbar glaubt er ganz und gar nicht, dass die schüchterne junge Deutsche zu dem alternden englischen König passt.

Diesmal führt er sein Porträt rasch an Ort und Stelle aus, farbig auf Pergament. Was für ein Gegensatz zum Bildnis der Christina von Dänemark!

Holbein malt Anna von Kleve in einer ungewöhnlichen, symmetrisch aufgebauten Frontalansicht, vielleicht um ihre unebenen Gesichtszüge zu kaschieren. Die junge Frau wirkt wie erstarrt, das überreiche Dekor lässt ihr Gesicht und die gesamte Persönlichkeit umso zurückhaltender erscheinen.

Doch wenn dieses Bild eine Warnung sein soll, so versteht ihr Adressat die Botschaft nicht. Im Gegenteil: Heinrich ist angetan vom Bildnis der 24-Jährigen, die seiner verstorbenen Gattin Jane etwas ähnelt.

Er lässt dem Herzog von Kleve ausrichten, er wolle Anna heiraten. Der Ehevertrag ist bereits ausgehandelt, als sich die Brautleute endlich begegnen: Heinrich VIII. reitet seiner, mit großer Gefolgschaft von Calais herbeisegelnden Braut entgegen und empfängt sie am Neujahrstag 1540 in Dover.

Doch das Treffen verläuft vom ersten Moment an katastrophal. Heinrich

In London malt Holbein auch jenen Mann, dem er das Entree bei Hofe vor allem verdankt: den königlichen Berater Thomas More. Für ein Gruppenbild der Familie Mores fertigt der Künstler Einzelstudien und diese in Kreide und Tinte gehaltene **»VORZEICHNUNG«**

Im fertigen **»FAMILIENBILD DES THOMAS MORE«** (1526/27) sitzt die Hauptfigur mit ernstem Ausdruck im Zentrum, neben ihm sein Vater im roten Gewand. Weil More rebelliert, als sich Heinrich VIII. 1533 von der römischen Kirche lossagt, wird er eingekerkert und später hingerichtet (zeitgenössische Kopie des zerstörten Originals)

Erschöpfung und tiefe Traurigkeit zeigt um 1529 das **»BILDNIS DER FAMILIE HOLBEINS«**. Seine Frau Elisabeth und die beiden Kinder Philipp und Katharina hat der Maler bei seinem Umzug nach London in Basel zurückgelassen. Er schaut auf sie mit dem gleichen unbestechlichen Blick wie auf all seine Modelle – und spiegelt so, mit dem ersten erhaltenen privaten Familienporträt der Geschichte, ergreifend das Unglück einer Trennung

kann seine Verlobte nicht leiden, nicht mit ihr sprechen, findet sie schlecht angezogen und nennt sie eine „flämische Mähre". Rechtlich und politisch aber ist er an sein Eheversprechen gebunden.

Am Hof wird längst über die Potenzprobleme des Königs getuschelt. Jetzt dient ihm seine Antipathie gegen Anna als Vorwand dafür, die Ehe mit ihr niemals zu vollziehen. Kein halbes Jahr nach der Hochzeit trennt sich Heinrich von ihr. Anna bekommt den Status einer „Schwester des Königs" zugesprochen, muss versprechen, in England zu bleiben, und erhält Ländereien als Pension.

Der König aber ist wütend über das kurze, höchst peinliche Ehe-Experiment. Sein Zorn richtet sich vor allem gegen Thomas Cromwell, der ihm diese Ehefrau doch angedient hatte, um die Macht seines Herrschers durch eine geschickte Heiratspolitik zu sichern.

Kurz nach der Annullierung der Ehe wird Cromwell verhaftet und als vermeintlicher Verschwörer in den Tower gesperrt. Fast genau fünf Jahre nach der Hinrichtung Thomas Mores stirbt im Juli 1540 auch er auf dem Schafott.

Der Maler selbst bleibt verschont. Vielleicht ist er einfach nicht wichtig genug, um beim König in Ungnade zu fallen. Vielleicht hat ihn auch seine Wahrhaftigkeit gerettet: Das Porträt zeigt Anna von Kleve ungeschönt.

W

Wenn es für Holbein einen richtigen Zeitpunkt gäbe, nach Basel zurückzugehen, wäre er nun vermutlich gekommen. Die Zweijahresfrist, die ihm von den Basler Stadtherren eingeräumt wurde, läuft im Herbst 1540 ab. Ein auskömmliches Dasein als hochgeehrter Künstler in seinem eigenen Haus erwartet ihn dort. In England ist die Stimmung am Hof dagegen gereizt.

Doch Holbein hat seine persönlichen Gründe, trotz allem zu bleiben. So hat er mittlerweile offenbar uneheliche Kinder in London. Schon lange wird gemunkelt, dass er eine Geliebte hat.

Vielleicht führt er ja ein harmonisches Leben mit einer zweiten Familie? Das würde eine Federzeichnung erklären, mit der Holbein 1540 ein intimes Familienporträt skizziert: Eine Frau, die Gesichtszüge nur angedeutet, sitzt auf einer Holzbank; vier kleine Jungen und Mädchen drängen sich um sie herum.

In den Jahren danach wird es um den Künstler stiller. Keiner der Männer, die für seinen Werdegang wichtig waren, ist noch am Leben. Und Heinrich VIII. ist hinfällig.

In knapp drei Jahrzehnten hat Holbein sein künstlerisches Schaffen zur Vollendung gebracht. Doch nun hat seine Kunst ihre großen Protagonisten verloren: jene Männer, deren Gesichter für die religiösen und politischen Umwälzungen der vergangenen Jahrzehnte standen.

Hans Holbein hat sie gemalt, er hat ihren Aufstieg miterlebt und ihr Ende, und er hat sie in seinen Bildern genauer charakterisiert als jeder andere Maler. Nun, so scheint es, bleibt ihm nur noch ein Motiv, das seiner Meisterschaft würdig ist. Eine letzte Aufgabe, bevor sein Werk vollendet ist.

Wahrscheinlich 1543, im Alter von 45 Jahren, porträtiert Holbein erstmals sich selbst. Die farbige, schlichte Kreidezeichnung zeigt einen kräftigen Mann, der dem Betrachter mit wachen, ernsten Augen direkt ins Gesicht schaut – eher ein tüchtiger Handwerker als ein feinsinniger Künstler.

Mit ein paar hastig gekritzelten Zeilen regelt Holbein bald darauf seinen Nachlass, weist auch ein monatliches Salär für eine Kinderfrau an, die sich um seinen unehelichen Londoner Nachwuchs kümmert.

Dann stirbt er, ganz plötzlich, im Spätherbst 1543 in London.

Sein Selbstbildnis bleibt wie ein Vermächtnis: Nichts weiter soll die Nachwelt über ihn erfahren, keine persönlichen Gedanken, nichts über seine Kinder, die er zum Teil kaum kennengelernt hat, nichts über die Frauen, die er geliebt hat.

Der Mann, dessen einzigartige Karriere mit einer Katastrophe für die Kunst begann und der mit seinem Stil viele Porträtisten prägen wird, hinterlässt keine Erklärungen.

Er muss nichts schreiben, um die Größe und die Tragik seines Lebens darzulegen. Dafür reicht ihm ein Bild. ◊

IN LONDON HAT DER FAMILIENVATER HOLBEIN WOHL EINE GELIEBTE. UND WEITERE KINDER

Aufbruch nach der KATASTROPHE

TEXT: *Jens-Rainer Berg*

Im 17. Jahrhundert verheert der Dreißigjährige Krieg die deutschen Lande und trifft auch die Kunstwelt hart. Er entwurzelt viele Maler, zwingt sie in die Fremde. Als sie Jahre später zurückkehren, bringen sie neue Motive und eine andere Bildsprache mit nach Hause. Es ist der Triumph des Barock – und das Ende der Dürer-Zeit

Am 20. April 1632 erreicht die Katastrophe, die die deutsche Kunstwelt umstürzen wird, Biberach. Schwedische Truppen besetzen an diesem Frühlingstag die oberschwäbische Kleinstadt einen Tagesritt südlich von Ulm. Bald tauchen auch die Gegner der Skandinavier vor den Mauern auf, Soldaten der kaiserlichen Armee. Sie werden von den schwedischen Besatzern zurückgeschlagen, aber die Kämpfe werfen Biberach von nun an wild hin und her: Die Kaiserlichen erobern die Stadt im folgenden Jahr, müssen sie etwas später wieder preisgeben, um sie schließlich erneut in Besitz zu nehmen.

Johann Heinrich Schönfeld ist da längst weit weg. Der junge Mann aus Biberach, ein hochtalentierter Maler, hat sich über Stuttgart und Basel in die Kunstmetropole Rom begeben. Und auch wenn keine Quelle dies ausdrücklich verrät, so ist es doch wahrscheinlich, dass der Krieg Schönfeld fortgetrieben hat.

Wie der Biberacher verlassen viele deutsche Künstler in diesen unruhigen, gewaltvollen Zeiten ihre Heimat. Denn der seit 1618 wütende Dreißigjährige Krieg, das große europäische Ringen um Glauben und Macht zwischen protestantischen Fürsten sowie Herrschern, die der Kirche in Rom folgen, ist ein beispielloses Drama: Es verheert vor allem in den deutschen Landen Städte und Dörfer, verwüstet weite Landschaften und bringt Millionen Menschen den Tod.

Und es beendet eine große Ära der deutschen Malerei – jene schöpferische Phase, die so markant von Albrecht Dürer beeinflusst und von seinen Nachfolgern weitergetrieben worden ist.

Das Paradoxe aber: Der Krieg prägt die deutsche Kunst nicht nur dadurch, dass er zerstört und tötet. Sondern indem er zugleich belebt. Indem er durch seine Erschütterungen eine eigentümliche Dynamik erzeugt. Er versetzt die deutschen Maler in Bewegung, sprengt sie gewissermaßen von ihrer Scholle hinein in die Welt.

Auch Dürer hat seine Epoche ja durch Wanderschaft geformt. Aus Italien brachte er Kenntnisse über die antiken Lehren von Proportion und Zentralperspektive über die Alpen. Mit seinen Werken und Schriften vervollkommnete er so etwas wie eine nationale Manier, eine deutsche Variante der Renaissance-Malerei. Und fortan orientierten und rieben sich viele Maler in Deutschland vor allem an ihm.

Natürlich gab es auch danach reisende Künstler. Für viele gehörten die Wanderjahre – auch ins Ausland – zum festen Teil der Ausbildung. Aber erst das gewaltsame Beben, das der konfessionelle Konflikt nach der Reformation in Europa auslöst, gebiert, ja erzwingt einen ganz neuen internationalen Austausch.

Der beginnt, noch ehe der große Krieg 1618 tatsächlich ausbricht. Zunächst in umgekehrter Richtung: Ende des 16. Jahrhunderts kommen niederländische Glaubensflüchtlinge in großer Zahl nach Frankfurt. Die katholischen Spanier drangsalieren die südlichen Niederlande, besetzen das bedeutende Kunstzentrum Antwer-

Das Elend des Dreißigjährigen Krieges kommt mit den Söldnertrupps, die plündern, töten und vergewaltigen, wie in dieser Radierung von Hans Ulrich Franck (**»ZWEI SOLDATEN SETZEN FRAUEN IN EINEM DORF NACH«**, 1643)

Inspiriert durch ihren Aufenthalt im Ausland, besonders in Italien, verändern deutsche Künstler ihren Stil, malen sinnlicher und launiger, wie etwa Joachim von Sandrart diesen Koch (**»FEBRUAR«**, 1642)

pen und vertreiben Tausende protestantische Bürger von dort unter anderem in den Ort am Main, der über den Handel mit Flandern verbunden ist. Zu den Neuankömmlingen gehören unter anderem geschickte Kunsthandwerker und Maler, die die Einheimischen für neue Bildgenres wie das Stillleben begeistern.

Frankfurt wird so zu einer echten Kunststadt; viele begabte Kreative beliefern hier wohlhabende Sammler mit ihren Werken. Auch der verheißungsvolle Maler Adam Elsheimer wird in Frankfurt künstlerisch entflammt: Er schult seine Fertigkeiten an den Werken der Dürer-Zeit, bekommt aber zugleich eine Ahnung vom schöpferischen Kosmos der Fremde. Elsheimer geht nach Italien, wo er einen eigenständigen, subtilen Stil entwickelt – doch bereits 1610 noch recht jung verstirbt.

Nach dem Beginn des Dreißigjährigen Krieges wird eine Mobilität wie die Elsheimers bald schon für viele deutsche Künstler zur Notwendigkeit. Denn die Gewalt frisst sich durchs Land. Zunehmend verrohende Söldnertrupps rauben und plündern auf ihren langen Kriegszügen, vergewaltigen und vernichten. Vielerorts kollabiert die Wirtschaft. Menschen hungern. Seuchen brechen aus. In manchen Regionen überlebt kaum noch jeder Zweite. Ein unfassbares Elend.

Und so werden die Maler zunächst aus existenziellen Gründen mobil: Auch sie wollen sich in Sicherheit bringen, wenn Tod, Brände und Plünderungen die Heimat bedrohen. Es gibt zudem aber einen ökonomischen Faktor: Die wohlhabenden Bürger, die Adeligen, Fürsten und Bischöfe bestellen inmitten der Kriegsstürme kaum noch Kunstwerke. Sie sind vielmehr damit beschäftigt, ihr Vermögen zu retten oder Geld in Truppen und Waffen zu investieren. Als Kunden fallen sie aus.

Daher verlassen Künstler ihre Heimatorte auch deshalb, um sich anderswo im Reich auf die Suche nach neuen Auftraggebern zu begeben. Denn der Krieg ist trotz seiner Wucht nie allgegenwärtig. Selbst wenn über die langen Jahre hinweg große

Teile des Heiligen Römischen Reichs deutscher Nation von den Kämpfen betroffen sein werden, so sind es doch nie alle Regionen gleichermaßen und zur gleichen Zeit; die Schauplätze wechseln, die Zerstörungen verlagern sich. Und so gibt es immer Gegenden, in denen Kunst nachgefragt wird.

Wer sich bewegt, wer den Auftraggebern gleichsam entgegen- oder nachreist, für den kann es sich auch in der Krise durchaus lohnen, zu malen – weil der Konflikt nicht nur etlichen Armut bringt, sondern einigen auch gewaltigen Reichtum: Kriegsgewinnler, die etwa als Feldherren viel Geld verdienen, schaffen sich in jenen Jahren umfangreiche Kunstsammlungen an.

Schwierig bleibt das deutsche Terrain dennoch. Immer wütender wird das Kriegsgeschehen. Zudem lassen die Zünfte, in denen noch die meisten Künstler organisiert sind, Zuwanderer häufig nicht in ihren Orten Aufträge annehmen. Und so gehen besonders die Jüngeren unter den deutschen Malern jener Zeit ins Ausland.

Etwa in die nördlichen Niederlande: In Amsterdam, Delft oder Utrecht brillieren die dortigen Künstler mit lebensnahen, alltäglichen Sujets und Detailtreue, fertigen ihre Werke für den wachsenden Kunstmarkt. Gerade aus Norddeutschland, aus Hamburg und Bremen, ziehen Maler in das Land der Grachten. Andere deutsche Künstler besuchen Paris, wo ihre Kollegen zu dieser Zeit beginnen, die französische Monarchie mit besonderer Eleganz und Prachtfülle zu feiern und auszustatten.

Die meisten Maler aber, vor allem aus den süddeutschen Landen, reisen nach Italien und dort nach Rom, in die unumstrittene Kunstmetropole Europas.

Im Jahr 1633 kommt auch Johann Heinrich Schönfeld dort an. Rom ist da längst Zentrum einer neuen Kunstrichtung, des Barock. Maler wie Caravaggio und die Vettern Carracci haben in der Stadt am Tiber diesen ausdrucksstarken Stil voller Pathos und Opulenz geprägt. Ihre wichtigsten Förderer sind die Päpste: Denn die Werke sind selbstbewusst, sinnlich und überwältigend und sollen in Zeiten der Glaubenskonkurrenz für den Katholizismus werben.

Doch es gibt bereits unterschiedliche Formen des Barock, und sie alle werden innerhalb der internationalen Künstlergemeinde gepflegt, die sich in Rom zusammengefunden hat: Neben Italienern wirken hier viele Franzosen, Niederländer – und die vom Krieg herbeigespülten Deutschen.

Eifrig beginnt Schönfeld, zu Studienzwecken Werke von Kollegen zu kopieren, antike Gebäude und Statuen zu skizzieren. In der fruchtbaren Umgebung, im engen Dialog mit den anderen Malern reift sein Stil zusehends. Anders als zuvor in Deutschland, wo seine Bilder noch eher unbeholfen komponiert waren, mit gebogenen, manieristischen Figuren, wirken seine Gemälde jetzt souveräner angelegt.

Stärker als an der üppigen Ästhetik der Italiener orientiert sich Schönfeld indes an der Landschaftsmalerei der Niederländer und an der strengeren Malweise der ebenfalls in Rom lebenden Franzosen Nicolas Poussin und Claude Lorrain, erschafft vor allem atmosphärische biblische und mythologische Szenen vor dramatischen Kulissen. Nach sechs Jahren in Rom reist er weiter nach Neapel, nimmt auch dort neue Einflüsse auf und malt für offenbar zufriedene italienische Auftraggeber.

Hunderten deutschen Künstlern ergeht es ähnlich wie Schönfeld. In die Welt gescheucht, entwickeln sie ihre Schöpfungskraft weiter. Und treten meist irgendwann wieder den Heimweg an. So auch Schönfeld: Im August 1651, drei Jahre nach dem Ende des Krieges und zwölf Monate nachdem die letzten Truppen seine Heimatstadt verlassen haben, kehrt er zurück nach Biberach, um den Nachlass seines Vaters zu regeln. Leben wird er von nun an aber im 100 Kilometer entfernten Augsburg.

Dort ist er schnell ein gefragter Mann. Denn nach dem Ende der Kämpfe kommt es in den deutschen Landen zu einem wirtschaftlichen Aufschwung, und so gibt es auch wieder Arbeit für Künstler. Zumal Schönfeld als modern und innovativ gilt, als Vertreter einer neuen Zeit.

Viele Maler spezialisieren sich nun auf Stillleben, darunter der aus Altona bei Hamburg stammende Johann Georg Hinz. Sein **»KLEINODIENSCHRANK«** entsteht 1666

Im Barock sind Bildnisse nicht unbedingt realitätsnäher, zeigen aber – etwa das **»FAMILIENPORTRÄT VOR LANDSCHAFT«** von Jürgen Ovens um 1660 – oft mehr Dynamik und Opulenz als zuvor

Der Biberacher Johann Heinrich Schönfeld malt im italienischen Exil um 1642 den **»TRIUMPH DES DAVID«**. Nach seiner Rückkehr gilt er als besonders modern und erfindungsreich

Schon bald erhält er einen ersten Großauftrag, er soll drei barocke Altarbilder für den Augsburger Dom schaffen. Später wird er an den Hof des bayerischen Kurfürsten gerufen, um Deckengemälde für dessen Schloss anzufertigen.

So wie Schönfeld prägen nun zahlreiche Meister, die während des Krieges unterwegs waren, die Zeit des Friedens. Aus der Fremde bringen sie neue Bildthemen mit und neue Malstile, inspirieren auch jene Kollegen, die in den Zeiten der Krise vor Ort geblieben sind. Aufträge gibt es genügend: Überall werden Residenzen gebaut, Klöster und Kirchen modernisiert, werden Gemälde gebraucht zur symbolischen Legitimierung der Nachkriegsordnung.

Die Kunstwelt hat sich nachhaltig verändert. Die besondere Mobilität der Künstler überdauert, die Studienreise in die Ferne und ins Ausland ist nun in ganz Europa die Regel. Mehr noch: Ein internationaler Kunstmarkt entsteht, auf dem Maler, Agenten und Käufer wie nie zuvor über weite Entfernungen miteinander in Kontakt treten. Ideen zirkulieren, werden an Akademien, in zunehmender Zahl auf dem gesamten Kontinent gegründet, weitergegeben. Die Produktion von Druckgrafiken steigt zudem deutlich an: Stiche, die nach Gemälden angefertigt werden, sind einfach zu vervielfältigen und zu transportieren. Auch das befeuert den kreativen Austausch über große Distanzen.

Der Krieg hat durch die von ihm ausgelöste Entwurzelung maßgeblich zu diesem Wandel beigetragen. Der große Zerstörer hat auf diese Weise etwas miterschaffen: eine gesamteuropäische Kunstrichtung, den Barock.

Ganz große deutsche Namen tauchen in diesem 17. Jahrhundert allerdings nicht mehr auf. Zwar gibt es eine große Zahl fähiger deutscher Barockkünstler wie Johann Heinrich Schönfeld – ein Titan wie Dürer aber findet sich nicht. Auch kein Alleskönner wie er. Das liegt unter anderem daran, dass sich die Maler und ihre Werkstätten nun zunehmend spezialisieren, auf Stillleben, Landschaften, Porträts oder raffiniert täuschende Wand- und Deckenmalerei.

Angesichts des sich international spannenden Geflechts der Einflüsse, der schwindenden Geltung lokaler und nationaler Traditionen, verblasst auch Dürers Strahlkraft immer weiter. Der Meister bleibt zwar eine Bezugsfigur, aber jene Bedeutung, durch die einst eine Ära geprägt wurde, hat er verloren.

Die Dürer-Zeit ist endgültig vorüber. ◊

Stillleben-Künstler wie Sebastian Stosskopf verstehen sich auf höchste Präzision. Ihr Ziel: die Sinne der Betrachter zu täuschen (**»STILLLEBEN MIT GLÄSERN UND FLASCHEN«**, um 1644)

Nie war Geschichte lebendiger.

Spannende Reisen durch die Vergangenheit: jetzt GEO EPOCHE lesen oder verschenken!

6x GEO EPOCHE FÜR 72,– €*
1 Jahr Lesefreude für Sie.

+ **WUNSCH-PRÄMIE ZUR WAHL**
  Zur Begrüßung als Dankeschön.
+ **JEDERZEIT KÜNDBAR**
  Nach Ablauf des 1. Jahres.
+ **KOSTENLOSE LIEFERUNG**
  Wir übernehmen die Versandkosten für Sie.
+ **INKLUSIVE DIGITALER AUSGABEN**
  Alle Inhalte der gedruckten Ausgaben auf Ihrem Tablet, Smartphone oder Desktop-PC.
+ **BILDUNGSRABATT**
  Studenten sparen 40 %.
+ **WAHLWEISE MIT PASSENDER DVD****

Anbieter des Abonnements ist Gruner + Jahr GmbH. Belieferung, Betreuung und Abrechnung erfolgen durch DPV Deutscher Pressevertrieb GmbH als leistenden Unternehmer.

PODCAST

TATORT VERGANGENHEIT

Der Crime-Podcast von GEO*EPOCHE* widmet sich historischen Kriminalfällen – von dem Schauspieler Peter Kaempfe präsentiert als packende Zeitreisen, sorgfältig recherchiert und fachkundig kommentiert von Mitarbeitern der Redaktion.

»Verbrechen der Vergangenheit« ist kostenlos auf Plattformen wie Audio now, spotify und Apple abrufbar

GEO WISSEN

DAS GLÜCK DER SPÄTEN JAHRE

Wir bleiben heute länger jung als jemals zuvor in der Weltgeschichte. Das bietet neue Perspektiven für ein erfüllendes Leben im Alter.

GEO WISSEN »Altern«, 148 Seiten, kostet 11 Euro, mit DVD (»Lebenslänglich jung«) 17,50 Euro

GEO*EPOCHE* KOLLEKTION

VON BISMARCK BIS ZUR WEIMARER REPUBLIK

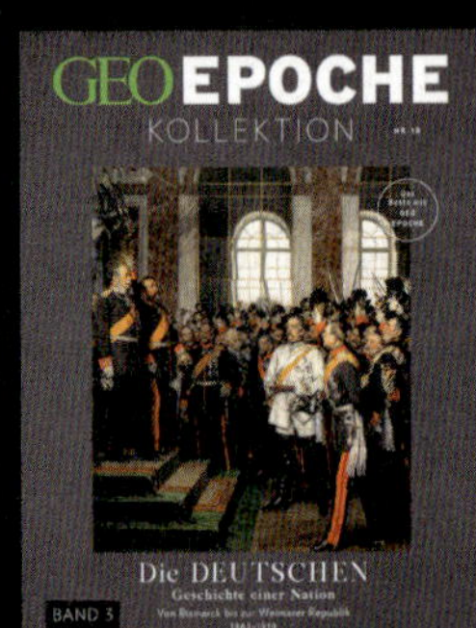

Der dritte Band unserer Reihe „Die Deutschen" widmet sich dem ersten deutschen Nationalstaat – und dessen Erbe.

GEO*EPOCHE* KOLLEKTION »Die Deutschen. Band 3« hat 176 Seiten Umfang und kostet 13,50 Euro

Die KARIBIK

Zwischen Zauber und Elend – die Geschichte einer Inselwelt

PLANTAGEN: Während Sklaven und Arbeiter sich bei der Tabakernte plagen, leben viele Landbesitzer im Luxus

UNTERWERFUNG: Mit der Ankunft von Christoph Kolumbus beginnt 1492 eine brutale Kolonisation

REVOLUTION: Fidel Castro (l.) und Che Guevara stürzen 1959 auf Kuba ein korruptes Regime

PIRATEN: Die Seeräuber kapern Schiff um Schiff – und errichten um 1710 gar eine Art Republik